风物
中国志

江安

贺靓 主编

FENGWU
ZHONGGUOZHI

JIANGAN

湖南科学技术出版社

"风物中国志"丛书编委会

顾　问：刘嘉麒
主　任：李栓科
副主任：陈沂欢
委　员：付鑫科　何亮靓　张律堂　陈红军　范　烨
　　　　林少波

（按姓氏笔画排序）

几生修得住江安

撰文
贺靓

　　素以"天府之国"著称的四川，向来是人们心中理想的丰饶之地。关注的焦点通常集中在以成都为中心的四川盆地西部，作为中华文明的重要源头之一，连同此间丰富的物产和秀丽的风光，自古被世人所艳羡。相较而言，江安所在的四川盆地南部，似乎很少进入大众的视野。

　　江安的建县历史其实很早。秦凿五尺道拉开了中原经略西南夷的序幕，东晋永和二年（346），江安便以汉安县之名开始了建制史。但中原力量并未就此延展开来，由于处在四川盆地与云贵高原交界，江安在很长一段历史时期成为西南少数民族与中原汉族势力展开拉锯的前沿。实际上，不只江安，整个西南区域，在其后唐代羁縻政策、南宋与蒙古军队的激烈对抗等历史情境中，长期扮演着面目模糊的边缘角色。

　　但若从江安的另一地理要素——长江着手，这座川南小城立刻变得切实可感起来。"黄金水道"长江自西向东穿过，将江安纳入横贯中国东西的交通大动脉中。尤其唐宋后，江南逐渐发展成新的经济文化中心，长江水路成为连接四川"天府之国"与江南"人间天堂"的最便捷通道。这不仅给位于航道上游的江安带来水利之便，也为这座县城注入了鲜明的江城底色。

　　长江及其支流淯江流经之处，在江安境内催生出一系列繁华码头。江安县城无疑是最具代表者。这座在江中几经漂泊的县城，最终于宋代定于长江南岸淯江口，直至如今。江安境内多丘陵、低山，土地虽不及成都平原富庶，自古也是"蚕桑鱼盐家有焉"。沿着水路，江安及周边县域的土产、盐巴、竹料、石灰等物资集散于县城内各码头渡口，再运送至长江沿岸及西北广大地区。

　　如今社会与城市的发展早已让船夫水手们上了岸，码头边空留石阶浅浅没入江中。但码头养成的习性却一直紧紧跟随着江安人。

　　江安南部的红桥镇，多年来保持着船帮在元宵节祭祀神灵的烧龙灯习俗；长江北岸的安乐古镇，人们仍沿旧习在通往水码头的老街上赶热闹的集市；曾作为江北南井盐出口之地的井口镇，仍留有县内为数不多的轮渡，在水面上勾连着长江的南和北……

相比这些日常可见的江城生活，经由长江水路带来的文化影响则更为隐秘而深远。宋代时在长江北岸井口古镇会友的苏轼、苏辙兄弟，于江安河中坝竹林农家小住的黄庭坚，明代时途径江安感怀心事的杨升庵……这些经由长江抵达的文人墨客，通过语句诗词甚至只言片语，在江安构筑出一条穿越时空的文化溪流，潜移默化地影响着这座小城的精神世界。

此时的江安，早已不再是西南边陲的荒蛮之地。明清时期，"湖广填四川"的大规模移民更是彻底改变了整个四川的人口结构，江安也在这一次次看得见和看不见的人文浪潮中，延续和拓展着江安多元文化的内涵。这一点在夕佳山民居的建筑及黄氏家族的发展史上有极佳体现。

这座始建于明万历四十年（1612）的民居，于1677年被来自湖北江夏的黄氏家族购得，此后历经数代修葺，形成如今纵深三进、房舍达百余间的建筑群。整个民居大到风水改造、功能布局，小到内部的雕刻装饰、家具陈设，无一不体现出传统耕读文化的强大影响。而以移民身份进入江安的黄氏家族，从传统农业家族起家，通过考取科举建立功业进而回报家国的发展路径，更是中国传统耕读传家文化精髓的典型体现。

如今，当我们回望这座已有四百余年历史的建筑群，很难不被其建筑本身的精致和田园山居的美好景致所吸引。在川南的特定地理环境和历史背景下，夕佳山民居或许标记出了江安在建筑和文化上的双重高峰。而这样的高峰在进入近代后，又以一种独特的方式被再次续写。

1939年4月，成立不到四年的国立戏剧专科学校，为躲避战乱，自南京溯江而上，辗转长沙、重庆，最终迁入江安。有长江水运之便，又居于陪都重庆战略后方的江安，为这群颠沛流离的剧专师生提供了长达六年的安稳办学期。

尽管当时江安城区规模极小，用学生的话说，"走在城中的十字路口，几乎一眼可以望到四座城门"，但这并未妨碍剧专师生在江安的学习、创造和成就。五四运动以来的自由思想、极具冲击力的西方戏剧和师生们抗日救亡的家国热血，在当时被当作校区的文庙内一齐迸发，让这座西南小县城在整个戏剧发展史中熠熠生辉。

国立剧专在江安期间，莎士比亚的名剧《哈姆雷特》第一次在中国上演，现代剧作家曹禺完成业界公认最好的作品《北京人》，导演谢晋在这里度过"最黄金的年华"……包括余上沅、吴祖光、洪深等在内的一大批心怀热情的戏剧人聚集江安，而后又从江安走出，投身于中国戏剧教育和中国戏剧影视艺术的发展中，将在江安凝聚起的文化力量扩散至全国。

若纵观江安从"面目模糊"的西南边陲小城发展至今的历史，似乎用再多笔墨来强调国立剧专的重要性都不为过。然而几十年后，那些曾在江安度过黄金岁月的剧专校友们回忆起这座西南小城时，却少有类似"中国戏剧家的摇篮""中国戏剧艺术圣地"的宏大赞美，他们魂牵梦绕的江安，具体而微小：

春季城南外是一眼望不到边的菜花，像黄色的波浪在翩翩起舞……

十字路口的谯楼是极有四川特色的旧式茶馆，花一小毛钱，一碗茶总是没完没了地给你冲开水……

小城江安的山山水水，日日夜夜……

　　　　　　　　　　《流亡中的戏剧家摇篮》

奇妙的是，"异乡人"眼中的"小江安"，与江安人心中的江安如出一辙。

2017年，江安公开征集关于城市名片的表述语，在千余条作品的评选中，当年的剧专教师吴祖光回忆江安时的诗句"几生修得住江安"以高票当选，并正式成为江安向外界展示的城市宣传语。

抛开围绕江安展开的关于边疆与中原、盆地与高原、江河与陆地的盛大历史追逐，在真正热爱这座小城的人心中，江安从来不是带有华丽标签的江安，江安只是简单舒适的理想家园。

目录

地

处在四川盆地南缘，又有长江穿境而过的江安，地理区位独特。四川盆地与云贵高原的交界，中原传统与西南边疆文化的融合，宜宾市与泸州市的交汇……不同区域、不同民族、不同文化在这里交错融合，让江安成为川南地区历史文化的一个缩影。而江安自身的城市发展历史，又让这座小城养成了独具一格的城市个性。

江安，川南的质心 _ 楼学　　002

道

地处巴蜀交界，又有"黄金水道"长江连接东西，让江安在历史发展中形成"传统"与"开放"兼具的文化特性。国立剧专和夕佳山民居，恰是这两种文化特性的典型演绎，它们从不同历史维度共同诠释着江安在文化上的多元面向。

国立剧专在江安 _ 詹忆梦　　030

戏梦人生：他们曾在江安生活 _ 詹忆梦　　052

夕佳山：从异乡到故乡 _ 楼学　　072

风

江安地处长江之滨，依水而生、因水而兴，境内众多古镇作为水运码头曾繁盛一时，"黄金水道"铸就了这里的昔日繁华，也奠定了江安的文化底蕴。如今航运衰落，古镇老去，"靠江吃江"的生活已然消逝，但江水依旧，见证着江边人家的悲喜生活。

江安竹簧：风潮、风骨与风浪 _ 孔雪　　　　　　　　　088

一城居民半茶客 _ 王静　　　　　　　　　　　　　　106

江边古镇，故人旧梦 _ 王静　　　　　　　　　　　　121

物

得益于温润的气候与沃腴的土地，江安自古"蚕桑鱼盐家有焉"，出产的优质蔬果稻谷远近闻名；旧时商贸水码头川流不息，天南地北的味道随南来北往的客商落于江安，令小镇中的各式小吃琳琅满目、各具特色，每一样物产美食都隐藏着江安的味蕾记忆。

江安，被橙色点亮的一座城 _ 孔雪　　　　　　　　　146

江安大白李，青果压枝沁心脾 _ 刘昕怡　　　　　　　160

猪儿粑，红桥人的身份记忆 _ 詹忆梦　　　　　　　　166

安乐双绝，江边的恋恋乡情 _ 刘昕怡　　　　　　　　172

烧腊，小摊上的家常滋味 _ 加贝　　　　　　　　　　178

江安的美食"江湖" _ 郭蔷　　　　　　　　　　　　　182

摄影 / 袁玲

地道风物

处在四川盆地南缘,又有长江穿境而过的江安,地理区位独特。四川盆地与云贵高原的交界,中原传统与西南边疆文化的融合,宜宾市与泸州市的交汇……不同区域、不同民族、不同文化在这里交错融合,让江安成为川南地区历史文化的一个缩影。而江安自身的城市发展历史,又让这座小城养成了独具一格的城市个性。

江安,川南的质心

江安，
川南的质心

撰文
楼学

在四川盆地的南缘，江安是一座安详巴适的小城。自然地理的独特区位造就了这里独特的"边界"属性，盆地与高原，少数民族与汉民，中原与边疆，江河与陆路，宜宾与泸州……无数历史的、地理的边界均在此分野，这些界线成为划分不同区域、不同民族、不同文化、不同时代、不同城市的连线，小小的江安成为这些连线所交汇的质心。

盆地与高原的分野

车行在江安的大地上，旅行者常有一种深刻的体验：两地之间看起来似乎近在眼前，却总要在曲折蜿蜒的盘山道路上行进良久。从卫星图上俯瞰，江安境内布满了密密麻麻的小型山丘，当地学者称其为"浅丘"，以概括这些由体量小巧、数量众多的丘陵所组成的地貌。

也正源于此，作为四川盆地的南缘，江安所呈现的自然面貌与成都平原所代言的"天府之国"迥然相异。与沃野千里的平原地区相比，在过去的千年历史中，江安乃至川南地区人文、经济的中心，都始终只能在浅丘交错间的河谷、平坝地区寻找扩张的路径。在这片浅丘遍布的土地上，陆路交通的不便促成了以长江为核心的水运体系的发展，遍布江安县境内的大小河网，成为自古至今重要的交通生命线。

浅丘的最典型代表即在江安南部的连天山。在本地所流传的民谚中，常以"连天山，离天三尺三""人过要低头，马过要卸鞍"来极言连天山之高。在以"蜀道难"闻名的四川，连天山这片最高点海拔仅有899米的低山丘陵区，当然远不能称之为艰险屏障，但在以低坝、浅丘地貌为主的江安，这里已是本地海拔最高的山区。

而从连天山继续向南，这些低矮的山丘会逐渐被另一种更为人熟知的地貌所取代。在红桥镇外的五谷村，我们在当地村民的带领下找到了数座典型的喀斯特山峰。而放眼四周，在周边连绵和缓的山体上，我们只能艰难地通过裸露出的青灰色岩石来印证自己的判断：我们的确已经进入了云贵高原的喀斯特地貌区。

在江安最南端的五矿镇，司机朱云带我

找到了一座低矮的"浅丘"，外观上和江安的无数浅丘并无二致，只在山麓上以拙朴的水泥石灰立起一座门楼，标记着一座寺院的入口。

哪怕是以乡间最普通的寺院标准来看，这座小庙也有些过于简陋了，簇新的造像排开一路，尽头处昏暗逼仄的殿堂内混杂着儒释道的各派神明，甚至还有革命烈士的遗像位列其中。但眼前的这座殿堂，却已不是水泥门楼的延伸，而是一处天然的洞穴，推开神龛侧旁的小门，一道幽深的狭路通往地下数十米深处的神秘世界。

这座被当地人称为"硝洞"的所在，如今已成为混杂民间信仰的巨大熔炉。你会在洞穴内看见来自《西游记》中的神话人物形象和场景，沙僧高悬崖壁，龙宫深藏其中；在与龙王比邻而居的石壁上，红色字体的革命先辈语录令人时空错乱。而事实上，与这些纷乱信仰遥相呼应的，是洞名中的"硝"字似乎也存在着与事实的错位：满壁洁白闪耀的钟乳石并非硝酸盐类，而是漫长岩溶作用下的碳酸钙结晶，"大隐隐于寺"的溶洞、暗河，更是喀斯特地貌的经典景观。

硝洞庙的殿外有一处开阔的平台，站在这江安的南端尽头，我已能模糊地识别出云贵高原的面容。作为世界上岩溶地貌最为发育的地区，云贵高原几乎已经成为峰丛、石林、溶洞、暗河的同义词。但江安的喀斯特地貌仍然是低调含蓄的。站在硝洞的门外，低山丘陵与岩溶地貌的过渡堪称天衣无缝，谁也不会想到这样一座"浅丘"的内部，竟然早已偷天换日，会有如此棱角分明的溶洞。四川盆地与云贵高原，这两个往往存在于宏观叙述中的自然地理分区，在硝洞内外悄然融合——四川盆地至此而尽，云贵高原已铺开了序章。

而对朱云而言，四川与云贵的联结存在于一项更为具体的个人体验之中。他告诉我，在关于连天山的民谚中，还有一句："四川有座连天山，离天只有三尺三。云南有座钟鼓楼，半截藏在天里头。"如果去探寻川南百姓的民谚歌谣，"半截藏在天里头"更像是一句通用的称赞，宜宾的大观楼、内江或富顺的钟鼓楼皆享有这高耸入云的赞叹。但对正处川南的江安来说，民谚舍近求远地选择云南，也许暗示了一种更真实的生活经验——江安正处于云贵高原通向四川盆地的通道上，漫长历史中密切的沟通往来最终沉淀为民谚的基因，成为古老人文遗留在现代生活里的回响。

多元文化的交融

江安地处四川盆地与云贵高原的交界，自然地理的二元叙述亦投射到人文历史之中。在与江安有关的文明记忆里，北面低平的四川盆地象征着中原与汉化，而南面的云贵高原则代表着边疆与少数民族。两大力量融汇冲突，交缠成为江安历史的脉络。

在江安县内的大多数乡镇，几乎都分布有一种本地人称之为"蛮子洞"的洞穴，这些显然由人工开凿的洞穴往往临水而建、连片出现。江安乡民告诉我们，这些蛮子洞曾是蛮人们居住的洞穴，有不少洞内还保留着完好的石床、石枕、石水缸。在这些蛮子洞

江安处在四川盆地南缘，为典型的低山丘陵区。图中为江安南部红桥镇的浅丘地貌，俯瞰视角下，隆起的连绵山丘如翻滚的绿色波浪，异常壮观。

摄影/蔡磊

江安"边界"属性鲜明:地理方位上,处在四川盆地与云贵高原交界;行政区位上,又位于四川、云南、贵州三省交会。这给江安的民族、文化、风俗习惯等都带来了深远影响。

周边劳作的当地农民,多有在蛮子洞内避暑、午休的经历。

但地方学者马旭告诉我们,本地乡民所说的蛮子洞并不是什么蛮人的居所,而是汉代的崖墓群落,那些石床是崖墓内的棺床,石水缸则是崖墓内的石棺。崖墓乃是凿崖为穴的一种墓葬形制,在中国南方颇为常见,仅四川境内保存的崖墓数量就超过10万座,遥居全国各省区之首,其中又以川南崖墓最为典型。

在当地人的带领下,我们在下长镇的长江南岸找到了数处崖墓遗存。扒开茂密的灌木,黑暗逼仄的墓室内仅可见并排而列的两具棺床,除此以外空无一物。蟠龙的苟家岩崖墓群、长江畔的苗儿沱崖墓群以及规模最为庞大的仁和鸡冠寨崖墓群,江安境内大多数崖墓的现状相差无几:缺乏足够的文物证据,亦缺少科学考古或文字资料可以佐证。这些崖墓的主人是谁?又见证了怎样的历史过程?我们只能在川南的范围内去寻找答案。

川南崖墓中最为著名者,是毗邻乐山大

佛的麻浩崖墓，其形制庞大，拥有完整的墓道、棺室、耳室，甚至还有明堂式的墓内祭祀空间。而墓室崖壁上所雕刻的图像题材，竟与千里之外的山东武梁祠颇为相近。考古学者普遍认为，这种一墓多室的崖墓之墓主，当为汉系民族。

事实上，崖墓的确并非边疆少数民族的创造。中国现存最早的崖墓皆发现于中原地区，山东巨野的崖墓可上溯至西汉中期；堪称石破天惊的河北满城汉墓，亦是一座极为庞大规整的西汉贵族崖墓。而崖墓之所以在四川盆地获得如此巨大的发展，也与这里较为疏松的地质构造有关：在红砂岩沉积的地层上，开凿崖墓的难度大大降低了。

但江安崖墓与满城汉墓、乐山麻浩崖墓也有明显的不同：江安罕见拥有多个墓室的大型崖墓，主要以单个墓穴为主；墓穴的入口往往狭小低矮，只能弓身甚至匍匐入内。马旭认为，这些崖墓的墓主可能是僰人等少数民族，而非汉系民族。

江安的文物工作者曹家树提供了另一个线索：在阳春镇境内的雪溪崖墓内，还保留着一处珍贵的双阙图，这是江安崖墓中颇为珍贵的图像资料。双阙是汉代常见的建筑形制，出现在宫殿或坟墓的主干道前以标示入口。崖墓中的双阙图，即便不能足证江安崖墓墓主的族属，也足以表明东汉时期这里已经受到了中原汉文化的影响。

在汉文化到来之前，四川盆地以南的云贵高原是少数民族先民的家园。大一统的秦汉王朝成为历史的转折点，中央政府致力开拓西南、建构统一国家，在僰道（今宜宾）开凿五尺道以通滇国，又在江阳（今泸州）开凿符关道以通夜郎，成为中原开发西南的重要标志。江安介乎宜宾与泸州之间，尽管未能占据两条通道的节点，但"西南大开发"已由此拉开序幕。《华阳国志》中记载川南一带"本有僰人，故《秦纪》言僰僮之富，汉民多，渐斥徙之"，《史记》中记载汉武帝遣唐蒙"通西南夷道"，招募百姓开垦耕田，"发巴、蜀、广汉卒，作者数万人"，即清晰地说明了这一时期汉文化传入的进程。

因此，一个合理的假设是：至西汉中晚期时，四川盆地内已经拥有了大量的汉族移民，当地土著或被汉化，或远走异乡。位于盆地边缘的江安，成了僰人南迁、汉人南进的途经之地，因此才涌现出诸多带有汉文化元素，但又与传统汉式崖墓相异的崖墓群落。

而小小墓葬内的文化交融，还将延伸出更广阔的历史图景。

中原与边疆的竞逐

江安崖墓由汉文化影响下的魂归之地，变迁为村民口中的蛮人居所，在口耳相传的乡土经验与严谨规范的学术考证之间存在醒目的断裂，似乎也暗示着这一区域内历史的断层。如果我们重新梳理江安乃至川南地区的文物遗存，就会意识到这种断层其来有自。

在《中国文物地图集·四川分册》中，列出了对泸州、宜宾地区的文物年代统计，两地文化遗存皆以汉代、宋代为最多，而中间的晋唐时期却呈现出一段令人迷惑的空白。

秦汉时期中原政权经略西南，但在东汉

以后即被长期的动乱所中止，中原版图陷入长期的分裂与战争之中，这片边疆之地再次成为少数民族的舞台。值得注意的是，中原与边疆的竞逐从来不是一个单向的过程，数百年的汉化进度条被渐次"回滚"，紧随而来的是漫长的动荡。

中原与边疆的力量此消彼长，成汉时"獠人入蜀"是四川盆地的重要事件。"獠人"之名有着显而易见的歧视意味，这一族名在两汉时还未见史籍，实际上是对苗、瑶、越、彝等南方少数民族共同的泛称，至南北朝以后才被"建构"。

《魏书》中记载十六国成汉末主李势在位时，"诸獠始出巴西、渠川、广汉、阳安、资中，攻破郡县，为益州大患"。成都危急，江安所在的川南自不待言，此后数百年成为獠人居处，其文化发展不及秦汉。哪怕今日走进宜宾或泸州的博物馆内，由汉迄宋，中间亦可见大片的空白。

历史学家蒙文通评价"獠人入蜀"，称其"为汉唐间西南民族之一大事，于西南历史关系至大"。蒙文通所关注的是四川盆地内人口结构的深刻改变，而对江安而言，其有建制的历史真正开始了——汉代所置的汉安（今内江）因被獠人所据，于晋永和二年（346）割江阳县地又置汉安县——在中国历史上，一处汉族聚居地的建制因各种原因而不能存续时，另行择址并冠以旧名是常见的操作。

江安建制史由此肇端，其县治当在今泸州市纳溪区境内的三江坝。尽管当地早已无晋唐时期的建筑遗存，但当地百姓仍然称呼其间田块为巷子田、衙门田、台子田。地名保留着强大的惯性，成为中原与边疆漫长竞逐中一个小小的注脚。

汉进僰退、獠进汉退的历史天平，最终在唐代的一套全新体系下获得了平衡。《旧唐书》记载当时的泸州"都督十州，皆招抚夷獠置，无户口、道里，羁縻州"。所谓的"羁"，马络头也；"縻"，牛蚓也。以"羁縻"作为政区属性，即是在中央政权统治的名义之下，来实行地方土著或少数民族的自治管理。

"獠人入蜀"的历史印迹同样也写入了江安的地名基因中。四川大学教授刘复生在引用《永乐大典》中所记载的宋代江安地名时，提到"罗东耆""罗刀耆""罗隆耆"（"耆"为宋代的基层治安区单位）之类"罗"字开首的地名，即可能是古代壮侗语的遗存。这些少数民族语言的地名能与当时的"旧江安耆""南井耆""城外耆"等汉语地名共存，也意味着在经历了唐代的羁縻制度之后，宋代时的江安已经进入一个夷汉相处更为协调的时代。

在江安，夷汉关系的演变也能在地理实体上找到印证。

朱云曾经带领我登上夕佳山镇南面一处浅丘上的安远寨，他兴致勃勃地向我指点地上的石孔是如何成为诸葛亮安插旌旗的旗洞，而环山小路又曾是多么热闹的马道。在他引述的当地传说中，这里曾是这位蜀汉名相安营扎寨、七擒孟获的地点——在四川，几乎所有发生过历史断层的古迹都被冠以诸葛孔明的传说。

曹家树的介绍显然更接近历史的真实面目：在这里残存的北宋石碑上，还能知道

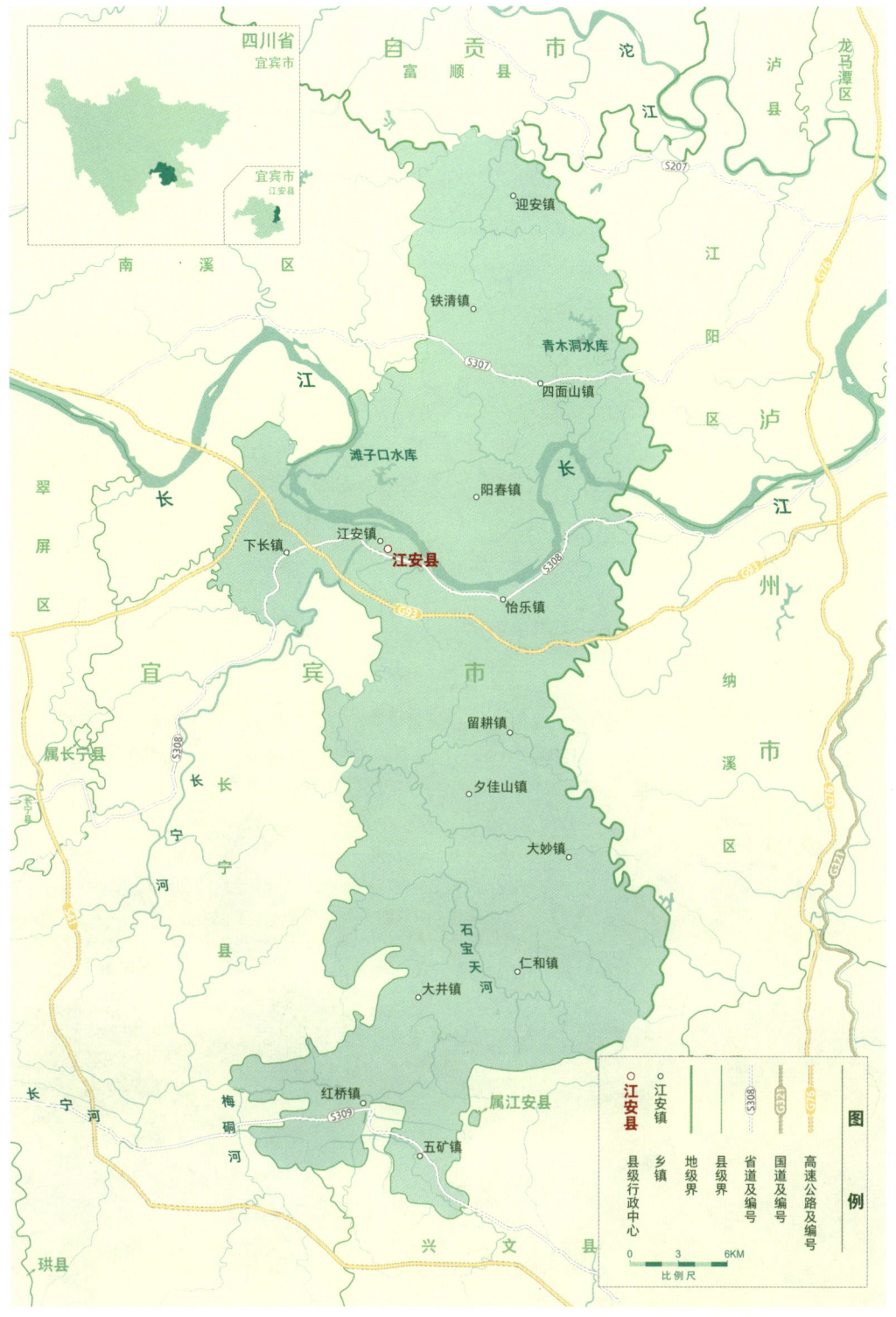

江安县行政区划图。江安县隶属四川省宜宾市，长江自西向东穿境而过。县下辖14镇，县域面积948.46平方千米。

江安浅丘遍布,人们在河谷、平坝区安家落户,建成适宜居住的美好家园。
摄影/蔡磊

江安县城在长江中几经漂泊，最终在南岸淯江口落定，并逐渐发展成今日高楼林立的现代城市规模。
摄影/刘建雄

安远寨曾是"罗"地所辖，北宋元丰年间（1078—1085），中央政府在此地设立了监管机构"知寨"，以确保这一少数民族地区的稳定。宋代继承唐代而来的羁縻制度又有了新的发展，除了承认边地自治之外，中央亦委派监管官员如"知州""知县""知寨"来加强对边地的统治。

然而，中央力量在边地的薄弱状态，绝非是短期之内委派几个知州、知寨就可以扭转的。历史上的川南"夷变"四起，而江安正处于戎州（今宜宾）与泸州之间，远离两座中心城市的防卫力量，因而成为这段延续千年的夷汉战争最密集、最核心的地区。仅是宋大中祥符元年（1008）的"斗望行牌率众劫淯井监"，中央政府发兵数千，历时六年乃平。淯井即在今天江安、长宁一带的

涪江流域，而纵观地方志书，此类"夷变"不胜枚举。

《四川简史》中的记叙可以概括汉獠交融的进程："……獠人虽然从唐代就已经开始与汉族相融合，但是直到明代中叶才迅速汉化。"当然，唐宋设立羁縻政区的努力并非白费，但民族的融合显然不是一蹴而就的。这段漫长的征战留下一些沉痛的回忆，清人王士祯奉命入川典试，离川时走的就是长江水道，他在《过江安县》中不无心惊地写道："波涛三百里，犹是怯兵澜。"

我们沿着一条陡坡登临这座宋代的安远寨，穿过早已坍圮漫漶的寨门，古寨内早已空无一物，仅有两座现代民居坐落其中。朱云穿行其中，用乡音呼唤良久，希望从中找到村民来为我们更详尽地复述三国故事，却

安乐古镇一度是长江边的重要码头,商贸繁荣。如今码头的功能虽没有延续,老街却保留了过去的样貌。春节时,人们舞龙庆贺,鞭炮声响彻街巷,上演着古镇独有的热闹。
摄影/刘建雄

↑ 安乐老街的沿街店铺如今大多已随时代更新交替，但这家传统酿酒坊却没怎么变，依旧是老方法、老顾客，年复一年，酿着属于老街的白酒味道。摄影 / 刘建雄

↓ 老街的生活节奏缓慢，在茶馆中喝茶的生活习惯，跟安乐的老街道一同保留至今。摄影 / 张律堂

迟迟无人回应。

风抚竹林，隐约有汽车的鸣笛声。距安远寨不远处，就是贯通江安南北最重要的公路干线，在漫长的时代变迁之后，人们对于地理区位的理解仍然没有过时。

有趣的是，"安远"之名如今深藏在中国的"内地"，早已褪去了边疆的色彩。为今日四川盆地塑造出如此鲜明的汉文化特征，则要归于下一次中原开拓四川的努力。

四川在两宋时期经历了经济、文化的大发展，但随后就经历了拉锯式的蒙宋战争，地方志书中记载"宋元争蜀，资（阳）、内（江）三得三失，残民几尽"，可见战争的残酷。蒙宋两方争夺的焦点即在当时江安所属的泸州，宋军坚守神臂城长达34年，四川盆地南缘、沿长江上游地区成为兵戎最烈之地。在这场漫长的战争中，四川人口损失超过90%，有元一朝未能恢复。从洪武二年（1369）起，明朝政府组织了长达22年的大规模移民，"麻城孝感乡"成为无数移民的集散地，堪称中国南方版的洪洞大槐树。这第一次"湖广填四川"基本奠定了此后四川盆地内土著与移民分布的格局。

明末"张献忠洗川"，四川盆地再遭重创，又一次进入历史低谷，幸存人口十不足一，大量州县甚至直接从地图上消失了。为了弥补四川盆地巨大的人口损失，清代顺治至乾隆年间，在中央政府的组织下开始了浩浩荡荡的第二次"湖广填四川"。这次移民运动从江西、湖南、湖北、广东等地组织了大量移民进入四川盆地，无论是语言、建筑、饮食还是民俗，在根本上塑造了四川的"中原"底色。今天江安境内的大多数人口，都是这一次移民潮的后裔。夕佳山民居、油榨坪祠堂这些皆以汉文化为主体的建筑在江安保存至今，即是四川重新恢复勃勃生机的里程碑。

移民后裔所建立起的江安市镇，稍大者皆号称自己曾拥有鼎盛一时的"九宫十八庙"，这也是四川盆地一带极为显著的特色。"九"与"十八"之数皆为虚指，其中的组合也多有变化，但宫庙之名是通往移民史的指路牌：万寿宫指向江西，禹王宫指向湖北，天后宫指向福建，南华宫指向广东……这些遍布城乡内外的宫庙都曾是各省移民后裔的会馆或信仰中心。从今日熙攘现代的江安县城，到长江畔仍保持着赶街传统的木头灏，尽管九宫十八庙多已消失，但当地老人仍然可以说出其中故事，为"江安人"标记出一条指向中原的来路。

对江安人来说，家族的祖籍不仅仅是停留在官修史书"麻城孝感乡"之类的笼统概念中，而往往有着更真实的"烟火气"。曹家树告诉我，不少家族的族谱已在"文革"中毁于一旦，其中的只言片语仍存活在口耳相传的家族记忆里，比如他的曹氏家族就来源于湖南新宁。甚至在本地人的语言习惯中，仍然可以依稀辨别出祖籍的乡音：两湖移民的后裔至今仍然称呼其祖辈为"嗲嗲""家家"，而福建、广东的移民则称呼为"阿公""阿婆"。

更深刻的基因书写在地名志中，江安地图上满目皆是留耕、怡乐、仁和、蟠龙、桐梓等充满教化色彩或田园风情的汉语地名，可见文化意义上的"边疆"也已退往更遥远的地方。

江河与陆路的更替

宋代以后,随着造船技术的巨大进步,长江航运进入了一个全新的时期。长江对于形塑江安文化的作用,是随着中原文明的崛起而逐渐浮现的。而这个宏观历史趋势在江安本地有一个小小的巧合,江安县城几经搬迁后,也是在宋代时定在了今天的位置。

北宋乾德五年(967),绵水县并入江安县,新县城就设立在原绵水县境内的"汶江中洲",其具体地点已不可考,史籍记载此地"水数为患",推断当是位于长江中央的古县坝。从三江坝到古县坝,江安县城曾在长江中央颠沛流离,最终因为水患才选中了今天所在的长江南岸淯江口。县城的"尘埃落定"与长江航运的发展或许也有相当的关联——随着航运技术的进步,淯江与长江的汇合处显而易见地成为一处更理想的城市建设地。

长江的开发在唐代时已引人瞩目,杜甫在安史之乱中流亡成都,就曾幻想过"窗含西岭千秋雪,门泊东吴万里船",可见长江航运已在蜀中留下过繁盛一时的记忆。东吴船只要直抵成都,长江自然是唯一的通道,只是当时的川南仍在汉与獠的纷争中,城市的发展未有显著的跃进。

宋代以后,泸州、叙州(今宜宾)都是当时重要的商船生产基地,四川制造的商船体小底阔,可以适应川江流域滩多流急的河道条件。因此,泸叙两州皆得两江交汇的水利之便,迅速发展为全国重要的商业口岸,川南的"城市化进程"突然加速,"江阳夜市连三鼓,小市盐船起五更"即是这一时期的盛况。

川南有大量的集镇在这一时期兴起,以江安境内为例,江北的南井产盐,皆集中至南面约五千米的江岸处装船运往各地。因此以"南井之口"为名,江边的井口镇由此兴起。发达的商贸传统亦带来了江安最有戏剧性的文化记忆:宋嘉祐四年(1059),回川为母亲守孝的苏轼、苏辙服丧期满,自故乡眉山出发,沿岷江南下入长江,与好友任遵圣相邀在井口见面。

约期之日,任遵圣在井口久候友人不至,便先行返回南井,直到苏轼二人迟到时才得以见面。故而这次好友重逢短暂而仓促,苏轼兄弟还要继续东下夔巫,只得匆匆告别。在这场微凉的秋雨里,苏轼写下"江湖涉浩渺,安得与之偕",苏辙亦写下"期君荒江濆,未至望已极"。

得益于中国强大的文学传统,我们还能重新进入这片千年前的雨幕,寻找到更多与江安历史有关的细节。大概就是在等候友人返回时,苏轼在井口为欧阳修带了"手信",这件"手信"正是来自淯井监的一件土布弓箭袋,袋上竟然还绣有诗人梅尧臣的《春雪》,而梅氏诗集正是由欧阳修作序。

这种充满奇幻、巧合的错置与联结也许是几位大文人最心仪的旅途瞬间。仅仅半个世纪以前,"斗望行牌率众劫淯井监"的"夷变"硝烟未散,而此刻的井口江涛,带来的竟是一件镶嵌着中原诗句的"夷蛮"特产,"一篇一咏,传落夷狄,而异域之人,重之如此耳",可见中原文化的流布已较前时为盛了。欧阳修因此也感恩苏轼的细心惦念,在《六一诗话》中记下"子瞻以余尤知圣俞

↑ 在轮渡普遍退出长江沿岸人们日常生活的当下，井口码头的轮渡仍在运行。一条船，五分钟，长江南北岸就连接起来。摄影 / 张律堂

↓ 曾作为江北南井盐出口的井口码头，早已没了往日繁忙，空留苏轼、苏辙二人在此会友时的诗句流传。
摄影 / 张律堂

江安"百竹海"，因六十余座山岭内生长有百余种竹子而得名。置身其中，竹林叠翠，景致清幽；也被称作蜀南竹海的"姊妹海"。 摄影／刘建维者，得之，因以见遗"。

几位文人之间的知遇相惜，正是借由这条江水连接到一起。当我再次踏入井口古镇，石板路旁仍排列着古老的川南民居，江畔耸峙着已经有些颓败的武侯祠，在当地的传说中，诸葛孔明神乎其神的无数疑冢当然远比千年前的文人佳话更有市场。

临近江岸码头处的石板路，近年因为整修道路而被拆除了，码头上面的毗卢寺内墙垣坍圮，只能依稀辨别出一座古老的戏台。当地老人告诉我们，早年祈雨时这里的川剧昼夜不息，而我站在蛛网密布、瓦片零落的戏台之下，只能幻想着舞台上曾有多么悲壮的《关羽败走麦城》，视线却穿越舞台下的门洞，望见清冷的长江——颓败的宫观庙宇和稍显失忆的井口，只是长江水运衰落的一个投影。

江安因江而兴，对于南面的云贵山地而言，这条江无疑是最便利的黄金水道。与苏轼买到渚井监的土布有着同样的逻辑，云贵的物产曾长期以江安为出口，由此顺江东下。

井口上游南岸处的另一处码头二龙口，就曾经长期承担着南方山区的物资转运。早在宋代，二龙口的旧名"夷岸口"已经很能说明这座码头的人流或物资显然来自南方的夷蛮山区。而二龙口的兴衰可以说明一个时代发展的问题：在川南的区域范围内，江河航运是如何被逐渐替代的。

我们重新回到五矿。"五矿"之名，即以这里盛产红（赤铁矿）、白（石灰）、黑（煤炭）、黄（硫铁矿）、蓝（硫酸铜）等五色矿石而得名。五矿的矿产输出皆先以陆路运送至附近的红桥，再走水路沿渚江而下至江安县城，由此转运至长江沿岸。

红桥人沈问全曾是渚江上的纤夫。在他的回忆中，渚江河道上有一百零八滩、九子十三弯，这些以数字总结的地名皆暗示着河道的艰险。其中的不少地名如"剿耳崖"者，即直白地极言河道之狭窄，船从中过，连耳朵都会被剿去——川江流域的水运条件如此危机四伏，翻开《江安县志》，其中有关翻沉、触礁的频繁船难的记载更是令人胆寒。

不仅如此，水运的难度、时效及成本皆不理想。由红桥至江安顺流而下的下水行程需要一天半的时间，而逆流的上水行程需要人力拉纤，耗时两天半，且往往只能空载返回；算上装卸货物和船员休整，往返一趟县城需要耗时5~7天。丰水时江急，枯水时滩险，而在川南凛冽的冬日，江河水浅，纤夫仍需要下水背船以增浮力。在纤夫群体的号子或自嘲中，多的是"要得裤儿穿，过了门坎滩"的无奈辛酸。

因此，在陆路交通发展之后，渚江水运迅速退出了历史舞台。地方学者朱乾刚曾在二龙口码头工作多年，他向我描绘了渚江航运变迁的一个生动图景。在20世纪70年代，二龙口还是乌蒙山区向自贡转运牛的重要口岸：来自云贵高原的牛群在江边集合，乘船渡江继续北上四川盆地，成为自贡无数制盐作坊中的动力来源。而当时的五矿矿产仍走渚江河道，多选择在江安县城集散。在20世纪80年代公路通车以后，五矿的矿产迅速找到了更快捷的运输通道：由公路运输直抵二龙口码头，这里的船只改为五色矿石所填满。

渚江航运的衰落只是川江航运的一个缩

影——在高速公路、高速铁路逐渐开通之后，就连黄金水道也面临着交通革命、环保因素带来的重重压力，以至于江安境内的大小码头都相继衰落了。

如今，在长江即将从江安进入泸州纳溪区的最后河段，就在紧邻江面的红色悬崖上，还保留着历代纤夫们凿出的仅容弓身通过的纤道。大多数当地人早已忘记了就在自己的村落旁，还曾有过如此喧嚣又艰辛的历史，来自川江流域各地的纤夫们以相近的乡音高呼着川江号子，"手扒石头脚蹬沙，脸朝黄土背朝天"，拉完一次又一次的上水船。

这段纤道是江安无数与航运有关的故事中，最具有视觉震撼力的现场：脚下江水翻腾，稍有不慎就会落入深渊；而崖壁上满布着泊船的栓口，无数纤夫日复一日弓身支撑着生活；历代文人官宦乘舟而过，亦在此地留下无数摩崖石刻，"荡寇勋高""江天一览"所铭刻的显然又是另一种心境。

不少更小的摩崖石刻已被时间和江风剥蚀，不远处有着千年历史的井口镇也在2019年的乡镇合并中被裁撤，曾经热闹的商贸航运曲终人散，就连盛极一时的轮渡也将被新建的长江大桥所取代。

长江，兴衰有时。但它作为航运、商贸和文化的通道，始终是塑造这座川南县城的重要力量。

宜宾与泸州的角力

如果从宜宾出发前往江安，会有固定班车从城区的南岸汽车站发出。但对江安当地人而言，有一种更简单的方式可以回家：他们总是习惯于电话联系自己熟悉的司机，不用多久，返程的拼车就会出现在宜宾市区的任一地点，以门对门的方式送他们回到江安。

这种游离在公共客运服务之外的交通方式，足以印证今日江安与宜宾之间蓬勃的交流需求。在过去的数十年中，属于宜宾市辖下的江安县正逐渐建立起认同感——但仔细翻看江安的历史，这座县城归属宜宾尚不过短短的一个世纪。

要理解川南版图的重心所在，必须要重新回溯这两座川南中心城市的地理与历史背景。

在以"蜀道之难，难于上青天"而闻名的四川盆地，长江历来是出川最重要的通道之一。宜宾地处岷江汇入金沙江的入口，两江相汇而成长江，故而宜宾有"万里长江第一城"之谓；而泸州位于沱江汇入长江的入口，在历史上长期是川南的中心所在。

今天的江安正处于宜宾与泸州的正中，但魏晋时期于三江坝另置汉安县，这座江安县城显然离泸州更近，似乎归属泸州也理所当然。自隋代开皇十八年（598）改汉安县为江安县以来，江安之名延续1400余年未曾更迭，而在这段以"江安"为名的漫长历史中，拥有更高级别河道通航能力的泸州一直是江安的"上级"。漫长的建制归属塑造了持久的向心力，不仅本地的方言口音与泸州相近，直到今天，当我问及江安人在求学、就医、购物等各方面的诸多选择时，仍有部分人倾向于泸州。

早在春秋战国时期，江安与南溪之间就是巴国与蜀国的边界——边界的属性一

↑ 县城内临江而建的睡佛寺，始建于宋代嘉泰年间，寺内佛像沿崖壁层层分布，常年香火旺盛，是江安市民重要的礼佛场所。摄影 / 蔡磊

↓ 为纪念明代文人杨慎而建的题榕阁，如今已被改造成图书馆。题榕阁面积不大，但建筑古朴雅致，是江边一道独特的文化风景。摄影 / 蔡磊

直被后世继承,直到1935年,江安第一次离开了其跟随了千余年的泸州,被划入宜宾。在两座川南地区中心城市的角力中,江安就像是拔河绳上的红绸带,指向了后来居上的宜宾。

作为盆地与高原、中原与边疆的分界地带,可以想象泸州与宜宾的政区边界难免游移不定。但如果翻开历史地图,你会发现江安的"割让"早已不是宜宾第一次"虎口夺食"。唐代时的泸州甚至还拥有高县、珙县、长宁、兴文等地,南宋时泸州更一跃成为省级建制潼川府路的治地,城市地位远在宜宾之上。但高、珙诸县先后纳入宜宾,江安只是最后变更的一处。

全新的行政边界对于塑造人文认同的作用是显而易见的,频繁前往宜宾的班车即是明证。而在更细微的尺度内,现代江安县的塑造,也有诸多不同政区互相角力的有趣案例。最近才因行政区划调整被纳入江安的下长镇,明明距离江安县城仅有数千米,却曾长期为长宁县所辖,下长人笑言本地的语言是"吃井水",与"吃大河水"的江安话有着显著的不同。

县域南境的红桥镇则提供了一个反向的案例:其一江之隔就是兴文县的玉屏镇,两镇的老街连接一线,仅有一座石桥隔开,根本无从判断边界的所在。而在玉屏的国道旁,所有店家都以"红桥猪儿粑"为招牌,占尽地利之便,将"邻居"的特产变为自己的财富。红桥、玉屏分属两县,却更似同出一源,"红桥猪儿粑"在另一种维度的角力中,反倒减少了其地域色彩。

这种违背"中原直觉"的边界属性,在江安的历史与现实中俯拾即是。去往五矿、长江摩崖与古纤道的道路,都需要越过兴文或泸州的村镇才能抵达。而从明代以来,江安与周边各县互相有着大量的"插花飞地"。在万历年间平定都掌蛮的背景下,川南地区诞生了军屯、地方等不同的平行体系,造成了乡民迁徙时"地随人走"的独特历史。诸如地属永宁、人属江安(或反之亦然)的人地关系,亦可视作中央治权心有余而力不足的一种"边疆"属性。直到1951年,江安与周边各县才由中央批准,重新调整了这些犬牙交错的边界。

建构基于边界的地方认同,将会是一个长期的过程。在江安的最后一天,我效仿当地人拼车离开。在打完电话后的五分钟,我就搭上了坐满乘客的车辆前往宜宾市区。我的"专车"越过长江,途经南溪,穿越现代繁华的临港新区——这里是宜宾人的骄傲,同车的江安乘客也在言谈中自豪不已。现代的大学城、港口以及会展中心勾勒出一幅令人心动的蓝图,川南的新中心正在崛起。

以长江为路

长江,是理解江安的题眼。

在苏轼、苏辙离开江安之后的岁月里,黄庭坚亦在此地停留,为地方人文增添了不少佳话。明代文人杨慎被贬云南,于蜀中往返云南时多次路过江安,曾在县城的安济庙旁眼见榕荫葱郁,写下"得地栽培少,蒙天雨露多,若问根深处,绿阴照银河"的诗句。后人为了纪念这位不畏皇权的文人,在榕树下为他建了一座纪念馆——"题榕阁"。从苏轼到杨慎,这些以长江为路的人,逐渐建构了江安的文化脉络,亦是这一地区文化启蒙与发展的重要标志。

苏轼留下的只言片语,在历史的长河中激荡出更为深远的涟漪。1872年,一代藏书大家傅增湘出生在江安县城的东正街,26年后,他考取进士进入了帝国中心的舞台。五四运动之后,委身北京的傅增湘重新回望四川人文的千年波澜,正是在苏轼"万人如海一身藏"的诗句里找到了自己的毕生志业,他以"藏园"为名,继清末四大藏书楼而起,建立了中国近代史上又一座重要的私家藏书楼。

更鲜活的记忆以抗战期间的国立剧专为顶峰。避难而来的剧专师生也是溯江而上,在江安找到了片瓦容身之地。20世纪40年代,这座偏居西南的小小县城一度光彩照人,《哈姆雷特》的中国首演竟是在江安文庙的舞台上献出了新声。

不仅外国戏剧蓬勃发展,抗战期间,国产剧作也在江安留下姓名。在地方学者王显友的记忆中,剧作家吴祖光在江安创作出的《正气歌》,其话剧在江安首演时,满场观众皆被历史与时局的艰辛所震撼,竟留下哭声一片。这部近代名剧沿着长江传播到了宜宾、泸州、重庆,其中的经典台词——"天地虽大,竟没有我文天祥容身之处"。在上海滩回荡了五年零九个月,法租界的兰心大戏院内时常借此响起抗日口号。对于彼时的中国而言,从小小江安勃发出的民族精神,在山河破碎中救亡图存的努力,是沉郁阴霾中一个折射光明的出口,更是支撑艰苦抗战的文化脊柱。时移世易,江安在萧萧悲歌中,奋力提醒中国人关于民族的光辉传统,由此对置了古老记忆中的边疆与中原。

在江安的日子里,我最喜欢在午后去题榕阁看书,这座小巧的古建筑仍在长江岸边,如今被改造成了一座图书馆。天气晴好的时候,窗外传来坝坝茶的谈天论地,孩童在江边追着风筝嬉戏,江岸不远处就是曾经的龙门书院,如今成为县立中学,不时传来朗朗书声。

也正是在这种悠闲中,很多人都可以感知到江安的当下正多少显示出一种困境。我曾向数位地方干部请教,想要了解江安在现代地理区位中的角色:成贵高铁穿境而过,但最近的站点却在隔壁的长宁和兴文,江安抱守了千余年的江河之便,其区位优势似乎在现代交通的解构中被突然翻转;长江航道头顶着环保指标和交通革命的双重利剑,沿江码头迅速衰落,这条黄金水道会黯然失色吗?

在关于江安的二元论述中,"边界"曾始终是核心的母题,这总是意味着众多不同属性在这里冲突或融合,分离或交汇,这些属性彼此竞逐更替,才勾勒出江安的独特面目。而现代城市的发展,也始终与突破边界有关,边界有时成为限制,有时亦成为面向未知、开拓可能的机遇。

在题榕阁中回望历史,我意识到,正是那些以长江为路的人将这座小小书阁转变为文化的中心。望向窗外,在一个更为宏阔的语境中,长江波澜不惊,始终是中华文明的主线。

天气晴好时，江安人爱坐到江边喝坝坝茶。茶摊一字排开，长江就在眼前滚滚东去，惬意非常。摄影/蔡磊

摄影 / 蔡磊

地道风物

地处巴蜀交界,又有"黄金水道"长江连接东西,让江安在历史发展中形成"传统"与"开放"兼具的文化特性。国立剧专和夕佳山民居,恰是这两种文化特性的典型演绎,它们从不同历史维度共同诠释着江安在文化上的多元面向。

国立剧专在江安

戏梦人生:他们曾在江安生活

夕佳山:从异乡到故乡

国立剧专在江安

撰文
詹忆梦

供图
国立剧专史料江安陈列馆

2008年,一部名为《国立剧专在江安》的纪录片在四川江安首播。这部纪录片犹如竖立在互联网虚拟世界中的一座纪念碑,在一连串网址的背后,默默铭记着一所学校的历史。这座碑上,刻着前后几代戏剧人的名字,有成长于"五四"新文化运动时期的青年,有留欧、留美的戏剧拓荒者,也有在战争动乱中求学的年轻学子……

这所颇有传奇色彩的"国立戏剧专科学校",即今天中央戏剧学院的前身,办学时间不过十四年。它1935年成立于南京,受抗日战争影响,1937年南迁于长沙,1938年又再迁到陪都重庆,最后于1939年流亡到四川江安,并在江安这座小城进入一段稳定、繁荣的"黄金时期"。江安六年,这所学校以顽强的姿态成为抗战时期的艺术堡垒,一面抵抗政治干预,守护着艺术自由;一面又饱受战争带来的焦灼,迫切地想为中国带来戏剧的魅力。

这六年,好像是历史给一群戏剧人开的玩笑,要在战争阴影的笼罩下,来到一座偏僻、保守的川南小城,搬来一个充满西方色彩的舞台,而这似乎也可以视作戏剧进入中国必然要接受的挑战:在一个传统的乡村世界和观众一同"入戏"。于是,我们可以看到在当时不通公路、没有电灯的江安,出现了村民挤满文庙,一起观看莎士比亚戏剧《哈姆雷特》的奇妙场景。

在中国话剧百年历史中,因为种种原因,国立剧专在很长一段时间未能受到大众关注。而如今八十余年过去,戏剧的生命力又重新在江安这个小城里被发掘出来。这个在特殊时期与戏剧以亲密的距离互相依存的小城,以一种新的方式验证着当年戏剧人的这场实验结果——艺术、美的教育拥有比战争、革命更持久的力量。

西迁之路

1937年,当年轻的曹禺站在船头,望着浩渺的长江江面时,内心定是思绪万千。他在信件中回溯这段往事,"我执教次年,抗日战争爆发,师生逃亡去长沙、重庆的路上,我敲着大锣,在前面开道,一路唱遍了长江、湘江、嘉陵江、金沙江的水,这些往事，恍如昨日……"

曹禺所经历的是国立剧专自南京建校以来的第二次迁移。1938年初，国立剧专在长沙办学不过三个月，就接到了转移重庆的通知。全校师生带着五个木箱子，在校长余上沅的带领下沿长江向西迁移。这一路全体师生的心情颇为复杂，就像一位毕业生所说的，这一支在江面上浩浩荡荡行进的队伍，不是一次美好的郊游或前进的大军，而是一场没有终点的流亡。

1935年，"国立戏剧学校"在南京薛家巷成立。当时，剧校在全国四个片区招生，虽然只录取了六十名学生，前来报名的却有近千人。这是"五四"新文化运动后中国第一所高等戏剧院校，也是当时戏剧教育的最高学府。尽管当时国共关系紧张、日军正虎视眈眈，国民政府仍然决定筹备一所戏剧学校，其中原因在一份由国民党政治家的联名倡议上写得很清楚：一个国家的文化兴废与民族国家兴衰有密切关系，戏剧的功能最具有社会教化性，能够开通民智，教导民主，辅助社会教育，借此达到"强国强民"的目的。

几经辗转，国民政府通过胡适找到了自称为"戏剧的仆人"的余上沅，并请他担任剧校校长。当时恐怕谁也没有预料到这位年轻校长的重要性。在美国接受过系统戏剧教育的余上沅，于1925年归国，带着推广戏剧的热情在国内做了很多尝试：他在北京组织"中国戏剧社"，导演剧目；与徐志摩筹办新月书店，翻译外国名剧；联合闻一多倡导"国剧运动"，寄希望于中国能出现用中国的素材演给中国人看的话剧……当兴办戏剧学校这一机会摆在面前，余上沅将它当作了毕生追求。

这本是戏剧教育最好的时候。在校长余上沅的组织下，剧校在南京仅两年的办学时间已经成果颇丰。学校制定了校歌、校训，引入西方戏剧教学课程结构，开设专业课和通识课，除了任课老师，还聘请徐悲鸿、梅兰芳等大家到学校讲课。在迁至长沙之前，剧校已经连续招收100名学生。

1937年7月7日，"七七事变"爆发，北平沦陷。战火的蔓延让一批高等学府被糟蹋，北京大学的红楼甚至被日军变成了刑场，用来关押、杀害爱国人士。清华大学大量珍贵图书、仪器和教材被毁，校长梅贻琦在《清华校友通讯》中说："生物馆之东半，已沦为马厩……新南院住宅区，竟成妓馆……"同年八月，日军集结重兵，直逼南京。各大高校再也无法生存，纷纷被迫南迁，南京开始大疏散。余上沅带着国立剧校师生乘船向西至武昌，再换乘火车转移至长沙。但安定的环境并未持续太久，剧校在长沙的新校址开学仅两个月，南京沦陷，陪都重庆成为新的转移地。

前线战事急剧恶化，时局动荡人心惶恐不安，剧校第三届学生李乃忱后来回忆，"心情很惨，过洞庭湖都是夜里过的，在我们国家自己的地面，不能随便走。"除了精神压力，摆在众人面前的实际问题也异常艰难。

有些人在漫长的船行中感到晕眩、不适，大部分时间，师生只能躲在船舱中，吃着极其简陋的饭菜，等待着能够靠岸的那天。为了打破着沉闷的气氛，他们还在船上办起了报刊，彼此阅读沿途写的杂文、诗作，交换着彼此的见闻。在中转站宜昌，由于航道滩多浪急,乘客和货物都必须在这里下船换载,师生们不得不用抓阄的方式抽取船票,分成三个、五个地搭船分批前往重庆。有些落在后面的人,甚至在宜昌渡过了凄苦的除夕夜。

尽管如此,内外交困的师生们仍尽力保护着剧校最珍贵的财产,把用来装图书和演出器材的行李箱安排在最前头,坚持"图书先行"。这些箱子里有世界上各个流派的戏剧专著,有用于演出的漂亮丝绒幕布,甚至还有克罗米椅子。每到一个地方,余上沅就开箱把书拿出来供学生借阅,走的时候再打包装箱放好。

但谁也没有想到,重庆也不是最后的终点。1938 年底,日军开始对重庆进行战略性轰炸,余上沅不得不再次转移。经过多方牵线搭桥,这个离重庆 300 里的"后方的后方"——川南小城江安,出现在余上沅的选项中,成为剧校师生的"新希望"。

连番迁校造成了许多混乱以及大量学生的流失,好在江安没有辜负剧校师生流亡大半个中国的艰辛。在江安,剧校等到了来之不易的、安稳的六年。

天才智慧

八十年前的江安,没有公路,更没有铁路。处在中国西南地区,又北临长江,让这座小城在战时同时拥有安定的社会环境和便利的水运交通,而这也给剧校师生提供了稳定的教学和演出条件。国立戏剧学校的校址,就在江安的一所文庙中。

余上沅始终遵循当年蔡元培"思想自由,兼容并包"的学术原则执掌校园,因而尽管学校迁到了长江边上的小县城,课堂依然正规严谨、充满活力,知识与专业能力在这里得到了最大尊重,教师都抱着传授知识的信念勤勉敬业。而某种程度上,江安在地理上的边缘性也保持了剧校教学的自由。

但问题也是显而易见的。在战火中勉力支撑的学校,要教授一门才刚引入中国不久的西方艺术,注定将面临多重冲击和不确定。由于课程既没有以往经验可作参考,也没有统一的教学大纲和课本,剧校的教学更多依赖于教师们的个人理解和创造。于是在江安,这一群经历了"五四"新文化洗礼,又师从西方戏剧大师的年轻教师们,凭借过往的戏剧学科教育和剧场经验,开始了自由又新奇的教学探索。

余上沅给人的印象颇具绅士风度,"我们的校长余上沅先生,永远是一袭灰色长衫,金边眼镜,两边分梳的发式一丝不乱,黑皮鞋每天擦得锃亮,一支'司帝克'(手杖)常拿在手,面带微笑,湖北乡音的国语,缓急适度。"

"教'戏剧批评'的洪深老夫子,每天来上课,都是用面粉袋背了一大批洋书,书中夹了许多纸条,介绍到某人或某作品时,举书为证。"洪深是哈佛大学戏剧理论家贝克教授的学生,还到过美洲、欧洲等地,在好莱坞工作、生活多年,知道许多趣闻与小道消息。上课时,洪深总是把这些小故事穿插在讲学中。

学校里最受欢迎的是曹禺的剧本选读课。当年曹禺来到国立剧校时不过 26 岁,

1938年初，余上沅（左一）、吴祖光（右）与余上沅之子余汝南（前排左一）、余棣北（前排右一）等，在开往宜昌的木船上合影。此时剧专师生一行已从长沙经洞庭湖到达宜昌，下一站目的地为重庆。

《视察专员》。由陈治策改编自果戈理的《检察官》，余上沅导演。

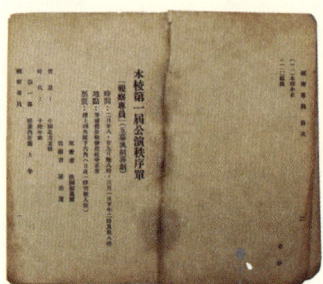

1936 年 11 月

1940 年 4 月 15 日

《蜕变》。曹禺代表作之一，1939年于江安创作，在重庆国泰大剧院首演，导演张骏祥。

1941 年 10 月 24 日

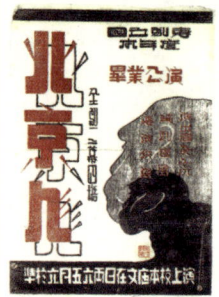

《北京人》。曹禺代表作之一，1940 年于江安创作，在重庆抗建堂首演，导演张骏祥。

1936

1935 　　　　**1937** 　　　　**1938** 　　　　**1939**

◆ 南京　1935.10-1937.8

◆ 长沙　1937.9-1938.1

◆ 重庆　1938.2-1939.4

◆ 江安　1939.4-1945.7

1935 年 10 月 18 日

国立戏剧学校在南京薛家巷成立，余上沅任校长。

1937 年 4 月

《日出》。继《雷雨》后，曹禺的第二部剧作，写于1935年。国立剧校于 1937 年在南京中正堂演出该剧，曹禺亲自导演。

1937 年 6 月 18 日

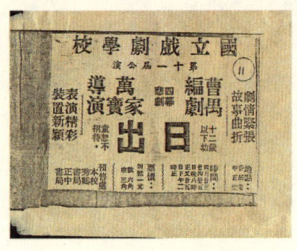

《威尼斯商人》。英国戏剧家莎士比亚的喜剧作品，为国立剧校的第一次毕业公演，导演余上沅、王家齐。

1938 年 5 月

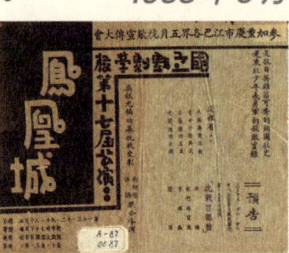

《凤凰城》。吴祖光话剧处女作，在国泰大剧院首演。《凤凰城》是全民抗战以来第一个以抗战为主题的多幕大戏，也是抗战以来演出场次最多的戏。

流亡中的国立剧专

国立剧专原名国立戏剧学校，于1935年10月18日在南京建立，1940年更名为国立戏剧专科学校，并于1949年后并入中央戏剧学院。受抗日战争局势影响，国立剧专辗转南京、长沙、重庆、江安等几座城市，在混乱的时局中，坚持办学14年，招收了14届学员，培养了一千余名戏剧人才。

国立剧专办学期间，先后演出了200多部中外戏剧作品。其中既有曹禺、吴祖光等人创作的极具时代色彩的经典剧目，也有被视作"戏剧最高水准"的莎士比亚的戏剧名作，它们如同历史长河中的繁星，闪耀至今。

1942年6月5日

《哈姆雷特》。莎士比亚四大悲剧之一，为国立剧专第五届学生的毕业公演剧目，同时也是《哈姆雷特》在中国的首次公演，由焦菊隐导演、曹禺负责剧本剖析。

1940 — **1941** — **1942** — **1945** (1945.7–1946.7 重庆) — **1946** (1946.7–1949.7 南京) — **1949** (1949.7–1950 北京)

1940年6月

"国立戏剧学校"更名为"国立戏剧专科学校"。

1938年7月1日

《奥赛罗》。莎士比亚四大悲剧之一，由余上沅导演，在重庆国泰大剧院公演，也是该剧在中国的首次演出。

1950年4月

与延安鲁迅艺术学院戏剧系、华北大学文艺学院，合并为中央戏剧学院。

↑　国立剧专第九届学生陈永祥，凭记忆画出了当年学校，即江安文庙的模样。图为文庙大殿与棂星门合围的空间，中间摆放的椅子为观众坐席。

↓　文庙中原本用来讲学、读书的明伦堂，当年被国立剧专改造成话剧科的教室。

却已经写出了《日出》《原野》等代表作。每当他上课前，同学们都提早到教室占好位置，窗台上、前席的小板凳上、过道上，都黑压压地挤满了同学。按学生的话说，"很有清华的风范"。

曹禺讲课的时候，不仅是讲，还兼做表演、朗诵。学生说，"他讲《罗密欧与朱丽叶》，他讲阳台（相）会，一会做罗密欧，一会做朱丽叶……"上课时，曹禺只带一本书，常常是一本英文版的大书，然后根据授课目的，选读其中的一幕或两幕。这是一种以教学为目的的朗诵，前提是必须把剧中人的台词从英文直接翻译成中文。

上课讲戏时，曹禺还常在朗读中插入金圣叹式的评语，让学生从朗读的声调中体验到这部作品的好处。比如读到某个戏剧动作时，他插话，"这叫跌宕"；读到另一处，他又插话，"这叫突变"；即将进入高潮时，他提醒学生，"从这里剧情逐步进入高潮，你们注意听，人家是怎么写的"。读到特别佳妙之处，他会连连击节赞赏；遇到含有重要潜台词的语言，他会停下来问，"听明白了没有？"

经曹禺介绍，黄佐临、金韵之夫妇也来到了江安。两人早年留学英国，共同在伦敦戏剧学馆学习，二人突出的贡献是将"斯坦尼斯拉夫斯基体系"带到了剧校。"斯氏体系"是由苏联戏剧家斯坦尼斯拉夫斯基创立的一套屡经舞台检验的表演体系，其精华在于强调人的"天性"，主张非表演，而是真正生活和存在于舞台上。作为世界戏剧三大表演体系之一，斯氏体系对20世纪的世界戏剧文化产生了深远影响，但国内当时对此还很陌生。

为了让学生真正理解斯氏体系，懂得从实际生活中获得真正的体验，负责教"表演训练"的金韵之开了一堂"动物模拟课"。学生发现，人不仅可以表演人，还可以表演鸟，甚至蛇。第四届学生吕恩很多年后，还记得这堂课的教学内容，"模拟鸭子，模拟猪，你就上去做，做完了以后大家看，（你做的是）什么东西，如果是猪，那你就对了。"后来，江安的闹市、码头都成了同学们的"体验课堂"，他们把在校外揣摩到的人物特点，放到课堂上再进行表演。一时间，教室里有挑担子的、店里的堂倌、乞讨的老太太等，热闹非常。

学校还开设有国语课、舞蹈课、音乐课等，教师队伍里人才云集，他们共同塑造着剧校的灵魂，也造就了一段无可复制的光彩时代。学生高地安后来回忆这段教学时光时写道："我曾经用整个心灵去吸吮那些天才们的智慧，得益无穷！"

这是国立剧校教育体系最完整的时期。迁到江安的第二年，1940年6月，原本只有三年学制的"国立戏剧学校"升格为"国立戏剧专科学校"，简称"国立剧专"。

偏安一隅的江安，为这群教师提供了一片远离战火的净土，却也由于与世隔绝，客观条件限制了教师的社会活动。教师们也因为各种各样的原因离开了江安，正如怀着各异的理由来到江安一样。江安的码头上断断续续上演着送别的一幕：1942年送别焦菊隐、曹禺，1943年送别洪深，1944年送别章泯……在学生的记忆中，江安临时搭建的茶馆，难走的青石板路，茫茫的长江水面，

国立剧专旧址位于县城西街，几经拆除，如今建筑面积仅剩700多平方米。1986年，剧专旧址被辟为"国立剧专史料江安陈列馆"。 摄影 / 刘建雄还有在湍急的水流中颠簸的小木船，都随着老师远去的背影，成了一段怅惘的回忆。

恰同学少年

江安，这个以竹器闻名的古城虽然不繁华，却呈现出一种独特的静谧与古朴。朱红色的校门，绿色英文的校牌立在眼前，极富东方情调。在江安小城的六年求学生涯，是不少年轻人的美好时代。

学生们遭遇的压力不一，有人因为家里不支持导致经济窘迫，孤注一掷跑进校园，也有人离过婚、坐过牢，还有一些人是因为"九·一八事变"后在当地待不下去……但当时学校的学风却是统一的，痛快、热烈而鲜明。

在国立剧专求学的学生回忆中，因为战时物价飞涨，每个月的补贴只是杯水车薪。学校的伙食是盐水煮黄豆，或者一小撮绿豆芽，青菜吃不起，吃的米饭里常常带着小碎石和小米糠，但年轻人们并不在意，围在一起吃饭嘻嘻哈哈，还在互相谦让。

天微明亮时，早起的学生已经开始练琴，城墙上的学生正在练声、朗诵剧本，用他们自己的话说就是"鬼哭狼嚎"，有人扶着栏杆练舞蹈，操场上的学生正在朗诵英语。到了晚上，三五成群的学生在石牌坊下，一边纳凉，一边高谈对艺术的理想和抱负。

学校要求学生必读中外名剧100种，熟悉各种主义和派别，图书馆的书都快被学生们翻烂了。晚上的自习，每个人一盏桐油灯，借着昏暗的灯光看书、写剧本、抄笔记。剧专对学生的作息管理严格，后来成为中国第三代导演之一、江安女婿谢晋曾回忆，当时为了睡前能多读会儿书，特地选了上铺靠近光源的位置，却因为长期在昏暗环境中看书损伤了视力。

再简陋的地方都可以变成用于排练的剧场。大成殿前，用木板搭起一个小舞台；殿前的广场上，用席棚改成剧场，又可作集合开会的礼堂；大成殿内部，原本供奉的牌位前挂上一张破被单，几张竹桌竹凳子就可用来作化妆间……第六届学生崔小萍回忆，"夫子的七十二贤人高徒，跟我们在一起学习莎士比亚、希腊的爱斯柯立斯、索菲柯立斯或者是攸瑞皮德斯，要不就是天天听我们像疯子似地叫喊、说话、练发音、练台词儿，再不就是听唱歌、听弹琴，看着我们赤脚在舞台上练舞……我想夫子跟他的门徒对我们这些学生，不似当年含蓄文雅，该不会生气才是。"

剧校不限制学生恋爱，有一个叫冀淑平的女学生，因为长得高挑漂亮，气质又好，跟第一届学生陈永倞谈起了恋爱。陈永倞毕业后留校执教，负责布景设计，因教学器材奇缺，舞鞋、道具、化妆品都是他手把手负责制作。因为这个关系，冀淑平对道具也十分熟悉。今年已经88岁的冀淑平，至今仍记得做胡子的秘诀：舞台道具胡子有黑胡子、白胡子、灰胡子三种，"黑的当然是黑毛线，剪成一缕一缕的，把它弄得很细很细，完了之后再撕、撕、撕"，白胡子就是白毛线，两种毛线混在一起做就是灰胡子……

那是很多人一生中最安宁、丰富的时期，"春季城南外是一望不到边的菜花，

↑ 国立剧专灯光室一角。　　　　　　　↓ 国立剧专当时用来表演的西洋服装。

1939年,国立剧专第二期战时戏剧短训班毕业生在江安本校剧场留影。

像黄色的波浪在翩翩起舞……暑假同学们相约踏着田间小路去红佛寺小聚",秋天去近郊吃橘子。

拮据也折磨着年轻的灵魂。冬季阴冷难熬,学生们都是二十多岁,只能靠年轻硬撑着。要是有人穿得上一件棉衣,已经是少有的奢侈。若能吃上一碗烩面,则是学生最大的享受了。有时候,谁能收到亲友汇来的一点接济就请客。几个同学去街上小食店,一人吃一碗烩面。江安的烩面里,有虾米、鸡蛋、蘑菇,再加上豌豆尖,面片煮得烂糊,热气腾腾,吃到心里都觉得暖和。

那些毕业照中的青春面庞,后来渐渐成长为中国戏剧界、影视界的中心人物:被称为"话剧皇后"的演员叶子,中华人民共和国成立后演出了话剧《龙须沟》;电影导演凌子风,拍了沈从文的作品《边城》;演员石羽,代表作有《小城之春》;戏剧评论家刘厚生,中华人民共和国成立后任中国剧协第四届副主席;四川谐剧创始人王永梭,被誉为"东方卓别林";还有中央戏剧学院原院长徐晓钟、电视导演理论家

国立剧专第六届话剧专科毕业生留影。

蔡骧，等等。

舞台创造舞台

在国立剧专的教学中，莎士比亚被放在一个很重要的位置。

在余上沅的设想中，每届学生毕业时，都必须选演一出莎士比亚的戏剧。他希望，学生通过对莎士比亚剧本的表演，向世界"戏剧的最高水准"看齐。前两届学生的毕业公演中，莎士比亚的《威尼斯商人》《奥赛罗》被相继搬上舞台。然而，之后接连辗转各地，让这一传统被迫搁浅。直到1942年，焦菊隐来到这座平静小城，莎士比亚经典作品的演绎终于再次成为可能。

和余上沅的经历类似的是，焦菊隐之前也办过学，26岁的他和京剧名家程砚秋办过北平戏曲专科学校。焦菊隐不喜欢京剧中的陈旧观念，破除了后台供奉祖师爷的习俗，同时招收女同学，实行男女合校，而后前往法国留学。1942年，焦菊隐来到江安任职

1945年2月15日,曹禺的代表作《雷雨》在江安本校剧场演出,由陈永倞导演,图为当时剧照。

话剧科教授兼系主任,同时也带来了一项任务:排练莎士比亚的经典之作《哈姆雷特》。

从某种程度来说,焦菊隐是最适合排演《哈姆雷特》的导演。他既有对西方戏剧的深入学习,又熟知中国戏曲艺术的美学,专注于戏剧民族化的探索。最重要的是,焦菊隐在不同剧场看过莎士比亚的戏剧,对舞台的灯光、舞美都有整体了解。当《哈姆雷特》与一个中国川南小城发生关联时,焦菊隐希望能够融合戏曲、话剧和斯氏体系,演绎出一出属于东方的舞台,一出"最中国"的《哈姆雷特》。

焦菊隐看中戏剧的"流利性",尤其是一部以欧洲中世纪为背景的戏剧作品,其文化背景与江安观众有很大差异,因此要流畅地展现《哈姆雷特》的剧情,先得在剧本上下功夫。焦菊隐对此解释道:"过于象征的台词也略加改正,全局的装置道具都使之简单到必要的限度。最重要的是流利。"同时,他减少了大段密集的充满了西方典故的台词,但是演员仍然用一种西化的口吻表达。

除了剧本问题,学生的表演是另一处关键。焦菊隐要求演员每天做排练笔记,认真阅读剧本,还要读外国文学,让演员随时准备好从内心到外在都变成剧中人物。为了让这些学生演好12世纪的丹麦贵族人物,他

几乎是一个个手把手地教学。长达半年时间，焦菊隐和表演学生几乎每天下午都在排演场度过。

在这部戏中，扮演哈姆雷特的是剧专第五届学生温锡莹。这个自幼就喜欢模仿外国人的男孩子，在这个角色上意外发挥了他最大的优势，"我就自信我是个外国人。"他在一次采访中比划了几下斗剑的动作："在舞台上斗剑就这么几下子。"

作为《哈姆雷特》在中国首演的舞台，江安大成殿显然有很多劣势。为了利用好那一点空地，焦菊隐做了一个大胆的改动，他注意到大成殿上有十几根木头柱子，让舞台显得十分狭窄，于是他把前殿与后台连接起来，让舞台具有纵深感，结果竟意想不到地好。

1942年6月，《哈姆雷特》公演。当被灯光照射着的哈姆雷特从幽深的大成殿中缓缓走出，这出戏终于和背着背篓、打着赤脚的江安村民们见面了。头场演出结束后，焦菊隐难掩兴奋，"在贫穷的中国，在落后、闭塞的江安小县城，能够演出莎翁的四大悲剧之一的《哈姆雷特》，并得到观众的承认和喜爱，难道这不是一件大事吗？"

这出《哈姆雷特》培养了江安一批忠实的观众。直至1991年，剧专老校友重访江安时,在小城十字路口,一位当年看过演出的老者还兴奋不已,他提起当时的演员,"他演的是英国人,他演得好啊!嗓子好,扮相也好,戏里还有一场戏是戏中戏……哈姆雷特躺在地上,看他妈妈的表情……几十年了,我都没有看过这样的好话剧了。"

在国立剧专的演出历史上,曹禺导演排练的《日出》更是一次示范性演出。主角均由教师扮演,陈治策扮演黄省三,焦菊隐扮演张乔治,其他角色也由老师和剧校高年级的学生参与,校长余上沅亲自担任导演。

很多学生事后回忆起《日出》的表演,都表示对陈治策演的黄省三感到直击内心的震撼。"特别是陈治策老师,他的长袍纽扣似乎断了两三根,补疤的衣襟敞着,手中提着一只破鞋,踉跄地扑向窗口。"现场观看的学生感叹道,"如果不是有人阻拦,陈老师险些跳下去了。"

作为话剧代表作"生命三部曲"之一的《日出》,是曹禺将中国故事置于西方话剧框架下的成熟作品。它既聚焦中国人的爱恨,又充满了西方戏剧中的表现技巧,是中国百年话剧历程中的标志性剧作。

而在一些剧团的表演中,曹禺最偏爱的第三幕常被删去。人们对这部作品是否要存在"第三幕"的争议,遮盖了这部戏剧的主题精神。当这场由曹禺亲自导演、排练,并由剧专师生合力协作的《日出》出现在舞台上时,它传达出了曹禺对《日出》的全面解读,也为这部剧在今后的演绎留下了一个不可忽视的范本。

当觉醒的青年以相当激进的态度,全面引入西方戏剧剧作和理论,再身体力行,回国进行教学,中国的戏剧会以什么样的面貌出现?这个答案留给了舞台。不论是西方经典剧作《哈姆雷特》,还是中国话剧先声《日出》,舞台与舞台的交织,无形之中推动着戏剧开始中国的民族化探索。戏剧人对西方经典不止给予打量与掌声,更直接参与到舞台创作之中。这座立于长江边上的文庙大成殿舞台,也是率先被点亮的灯塔。

小城江安

在江安人眼中,过去演戏的人是"穷干戏"的。而国立剧专的到来,这个顺着长江一路流亡而来的学校,仿佛从天而降,带来了一个全新的戏剧世界。

关于当初江安是如何让出供奉孔子的文庙作为办学校址,据说当地还经过了一场小小的争论。其中有一位江安当地望族黄荃斋站出来支持了剧校,他提出一种观点:古代孔子制作礼乐、舞韶,也是提倡戏剧艺术的,值此国难当头,宣传抗日团结的剧团来了,孔子也会让出他的住宅。这番话为当时剧校被接纳提供了有分量的见解,也给江安人带来了一门陌生而新鲜的艺术。

据统计,国立剧专在江安期间的公演达144次,上演中外戏剧152出,至于小型实习演出则不计其数。演出的剧作包括"五四"新文化运动以来反映社会现实的国内剧目,更有包括莎士比亚、易卜生、果戈理、托尔斯泰等国外大家的戏剧作品。

而在此期间,江安人也给剧专提供了属于他们的特殊支持,"凭物看戏"就是其中之一。

当时很多学生从沦陷区流亡过来，还有一些学生因为学戏剧得不到家里的支持，断了经济来源。在食堂，余上沅看着学生八个人围着一盘干萝卜下饭，米饭中还有不少沙子、石砾，于是他跟教师商量后，决定以"凭物看戏"的方式，让学生吃得好一些。他们选取了一些中国戏曲和拿手话剧在周日开演，只要观众愿意带来一些"礼物"，就可以入场观看。

那个周日，过来看演出的观众带来了各种奇特的物资。有人带来鸡蛋、鸭蛋、萝卜、青菜，还有人带来了自编的草鞋，有人牵着一头羊、一头猪过来，上头贴着红纸、红布条，以庆祝演出顺利。经历过这段特殊时期的学生赵锵回忆：江安观众是我们所有经历中最难得的观众，他们欣赏中外古今名句，安静、准确地反映剧中应有的效果，他们从不中途退场。

与此同时，这个保守的小县城也在发生一些改变。

起初学生们在长江边上练习表演，总是被江安人视作奇怪的行为。而随着学生不断出入江安的街道或茶馆宣传演出、张贴海报，看到他们在江边、集市来来去去，江安人也渐渐习惯了这些身影。

第六届学生胡浩还记得一户姓李的人家，一家三口人经营着小杂货店，只要一有演出，一家人总是热情地去买戏票。他们拿出家里的东西借给剧专去演出，还帮着四处筹借。有时候杂货店的物品借得多了，甚至还会让店铺停业几天。在"凭物看戏"的那些天，一家人还换上新衣服，端上三大屉热气腾腾的肉包子，送到后台以示庆贺。

多年后，胡浩重回江安参加剧专校庆，特地去寻找这家人，却因为当事人已经搬离而未能重见。不过，胡浩还是在茶馆碰到了几个老熟人。茶馆里两个江安老人一听是剧专回来的学生，开始滔滔不绝地讲起当年那一出精彩的《哈姆雷特》，回忆不断涌出，他们连连向剧专学生道谢，感谢当时的他们为江安带来了那么多好戏。

谁在重返江安

在一个午后我来到江安城的桂香街。这是一条离当年剧专校址很近的古街，不少学生曾住在这里。尽管部分建筑物已经统一刷成了仿古建筑的模样，但生活似乎与剧专在江安的那六年并无二致。桂香街的巷子口，是一家正在卖土鸭的店。一个男人正抓着鸭子的爪子，在一口沸腾的滚烫铁锅里褪毛，鸭毛飘了一地。桂香街附近，分布着豆腐店、酱油铺、腊肠店和一间间茶馆。人们吃一样的茶，操着川南口音，一样聊着天南地北的事。

尽管余上沅一贯坚持对青年实行超政治的世界观教育，避免学生在学习期间遭受政治干扰，但剧专在江安的后期，形势已步步紧逼，时代的烈火失控般烧起来，学生们再也无法安心待在象牙塔中，强烈地希望迁回重庆参与到政治运动中，去讨论国家大事，主宰自己的命运。1945 年，国立剧专终于离开了江安，迁回重庆。1949 年后，剧专与原华北大学文艺学院、延安鲁迅艺术学院

2017年,江安开始了恢复国立剧专旧址的计划,和剧专相关的演出、纪念活动等也在当地陆续开展。剧专遗留下来的余温,如今正在这座小城悄然回升。摄影 / 刘建雄戏剧系，合并成中央戏剧学院。

如果做一个简单的回溯，这段在江安的六年时光，恐怕不仅仅是教育史上的奇迹。在炮火硝烟的战争中，国家的大半国土已经被吞没，却仍有一群人在一个小镇中痴迷地进行艺术的教育。这门来自西方的艺术，以极具感染力的形式，描绘着一个东方国度在那个巨变年代中的一股清流。它诚然是一面时代的镜子，也像是一座凝聚着人们对国家之爱与勇气的灯塔，照亮着一个民族同有的灵魂呐喊。

当年余上沅接下国民政府设立的国立剧校时，这所学校仿佛就写好了自己的命运。以美育教化社会的愿望，必须让位于更加紧迫的民族存亡。

当年，国立剧专办学场地大约有10000平方米。在城市改建的过程中，校址陆陆续续被拆掉，如今仅保留了原余上沅的校长办公室和曹禺办公的教务处，还有部分厢房，剩下约700平方米。20世纪80年代，以此为旧址的国立剧专江安史料陈列馆开始筹建。住在江安的第五届学生肖能芳开始自发与各地校友联系，在一两年内收集到近2000件物品。老校友们带着当年的毕业证书、合影照片陆陆续续来到江安。

可以说，国立剧专的校友没有停止过重访江安的活动。2019年是国立剧专迁至江安的八十周年，江安举行了盛大的周年纪念活动。"那些老人都很想来"，国立剧专史料江安陈列馆的一位工作人员对我说，"但是每年来的人都在减少"，她露出了一个惋惜的笑容，跟我提起那些不顾身体条件执意回江安的老人。回江安，是不少剧专老人抱有的强烈执念。

1994年，这座史料陈列馆来了一个年轻人张毅。尽管他与剧专并无直接关联，却因工作原因，有大量时间沉浸在剧专校友寄来的静态资料中。他惊叹于那些精美的西方服饰、神似外国演员的青年扮演者、朝气蓬勃的合影，曾奇迹般地出现在20世纪40年代的江安。

2007年，张毅参加了一部以国立剧专为主题的纪录片的拍摄，他逐渐接触到国立剧专在江安六年中的核心人物，谢晋、徐大雯、曹禺，他们握着他的手，拍着他的肩，感谢他替他们守在江安，保护着这片净土。遗憾的是，谢晋没能赶上这部他生前题名的纪录片的上映。谢晋的离世，也让张毅开始强烈意识到，剧专的故事，"再不拍就没有了"。而那些人不愿意忘记的，会随着身体组织结构的老化，语言表达功能的流失，枯萎在时间的暗处，在一日日的太阳升起时，逐渐成为淡淡的一抹暮色。

曾数次重访江安的谢晋在一次公开讲话中，强调江安作为一个戏剧地标之于中国的意义，他提起法国人、英国人对文化地标的保护意识。在法国一座名为兰德的小城市，人们在旧楼改建中，保留着一座当时的戏剧大师莫里哀工作过的剧场。英国人对莎士比亚的尊敬，更是体现在积极挖掘、保护和修建与莎士比亚有关的文物与剧场。

文化地标，是一座城市乃至一个国家的精神联结，也是一个民族对文化认同感的体现。这种关系有如维也纳与约翰·施特劳斯，绍兴与鲁迅，也正如江安与国立剧专的耕耘者们。

也正是基于此，人们不自觉会产生这样的期待：一个在特殊时期与戏剧以亲密距离互相依存的小城，戏剧的生命力是否会从文庙溢出，外延至城市的肌理之中，产生令人惊喜的变化？

张毅对此持乐观态度。他对我提起，在前几年的夏天，有一场话剧表演在小镇广场的夜晚演出，这出戏来自美国剧作家阿瑟·米勒的作品《萨勒姆的女巫》，当戏进行到关键时刻时，演员说出了一处台词的上半句之际，观众席中有人响亮地喊出了下一句台词。"我就是魔鬼！"张毅学着当时那个观众的语调，比划着那个观众的举动，他说，"就是这句台词，在江安的观众口中喊出来。"

在江安，有民间收藏者在断断续续收藏剧专遗留的资料。也有年轻人长大后从事戏剧表演，他们为感受到江安人对戏剧的热情而开心。或许在江安人的眼中，欣赏戏剧是一种熟悉且亲切的习惯，只不过这种亲近的心理，还并未演变为对戏剧的细微鉴赏，而是来源于戏剧与江安之间的纽带认同。

曾作为剧专教师的陈治策，对戏剧有过一番精彩的论述。他认为：在世界的源头，一切本没有剧场，也无所谓戏剧，每个人都是观众，每个人也都是演员，每个人各看各的戏，经历彼此的人生。

当戏剧发生的场所，已经成为储存记忆的圣殿，戏剧性却仍旧深藏在这个小城中。这里的人物随着时间不断变化着身份、形象，也涌动着纷繁杂乱的故事。这里就像是世界的源头，无所谓舞台，也无所谓演员，始终欢迎每一个踏足的陌生人，等待着故事在下一刻发生。就像那一天我站在一家人声鼎沸的茶馆前，两位茶客邀请我给他们拍一张合照，他们不问我来到江安带着什么样的目的，只是兴致勃勃地说："你来咯，我们江安欢迎。"

戏梦人生

1936年11月6日，国立剧专学生表演的话剧《自救》在镇江的演出现场。

他们曾在江安生活

撰文　　　　　供图
詹忆梦　　　　国立剧专史料江安陈列馆

1940年，少年的谢晋不顾家里人的反对，绕过日军占领、封锁的区域，辗转坐船来到一个偏僻的川南小城江安。他的目的只有一个：报考国立戏剧专科学校。

这所曾经影响了谢晋对戏剧艺术启蒙的学校，也是抗日战争时期戏剧教育的最高学府，因为抗战迁至江安办学，持续吸引着全国像谢晋这样对戏剧感兴趣的年轻人。其中最具诱惑力的，莫过于当时汇集在此的一群负有盛名的戏剧大师。

那也是大师之所以成为大师的特定历史时期。被誉为中国戏剧奠基人之一的余上沅，在不停的迁徙流亡中，终于等到了在江安最稳定的六年办学时光；正处于创作高峰期的剧作家曹禺，已经写出《雷雨》《日出》等代表作；日后创办了北京人民艺术剧院的焦菊隐，刚刚从法国读完文学博士回国。这些各有所长、彼此补充的戏剧人，有如灿烂星辰，在这个川南小城首开中国戏剧教育先河，创造了诸多光彩时刻。

有时候你不得不相信，中国戏剧的百年命运，就是在这样一些偶发性、随机性组成的"瞬间"，形成了一种深远的影响。这种影响或许有迹可循，国立剧专在江安办学的六年，培养了一批当今中国戏剧界、影视界的中心人物，那些前人所经历的"瞬间"，有如启明星为他们提供着永恒的指引。

余上沅

1964年6月，余上沅（后排右一）夫妇与三儿子余安东（前排左一）夫妇、四儿子余同希（后排左二），在上海家中的合影。

不曾熄灭的戏剧火焰

斯蒂芬·茨威格写过一句话："一个人最大的幸福莫过于在人生的中途、富有创造力的时候，发现自己此生的使命。"这句话用在戏剧拓荒者——余上沅身上最适合不过。

余上沅是中国话剧的一颗启明星，比起站在台前，余上沅把更多的时间花在了幕后。为了将西方戏剧带入中国，余上沅不断地在国内刊物上介绍西方的戏剧大师，排演国外的经典戏剧作品，翻译西方戏剧作品，凡是能够让中国人了解戏剧的工作，他都身体力行地去做。其中，担任国立剧专校长的这十四年，是他一生诸多戏剧活动中，最为朴素又深具影响力的一项事业。

1935年，一所"国立戏剧学校"在南京薛家巷开学。这是当时国民政府筹办的戏剧教育最高学府。正在他们寻找一位合适的人选来担任校长时，一位青年人出现在名单中。也是在同一年，梅兰芳访问欧洲，带去了他精湛的戏曲表演，在欧洲掀起了不小的波澜。在这个访问团中，就有一位自称为"戏剧的仆人"的年轻人余上沅。

尽管已经难以猜测，在这趟中西戏剧对话的旅途中，余上沅心中经历了什么样的思考。但可以确信的是，这个对西方戏剧深有了解，又同时热爱东方戏剧的青年有一个信念：东西方戏剧艺术各有其高明之处。

余上沅成长于一个价值观激烈碰撞的时代。"五四"新文化运动时期，中国社会整体处于急剧变化之中，求新、求变的时代浪潮不可阻挡，一群进步青年开始主张废除旧戏。整体环境非常激进，不仅周作人、刘半农、钱玄同等知识分子在《新青年》上呼吁旧戏应废，就连在艺术学校讲授旧戏都会遭到学生的反对。而在乡间，关于戏剧的偏见由来已久。人们用"戏子"称呼从事戏曲行业的人，并把"戏子"与"王八"并称，以示戏子地位之低。

北京大学毕业后，余上沅同梁实秋、闻一多等人赴美求学，受过完整的西方戏剧教育。在美国，他学习了编剧、导演、表演、舞台管理、剧场管理等课程，又进入哥伦比亚大学继续深造。同时，在此期间看戏、排戏等活动，让余上沅累积了大量舞台经验。最终，这些学习与探索，化成了余上沅对戏剧的思考：提倡"国剧运动"。就是"由中国人用中国材料，去演给中国人看的中国戏"。这样一来，旧戏不废，国剧也就成了。

这个梦生不逢时，在寻找"国剧"的路上，由于中国戏剧的根基尚弱，他们的声音被彻底淹没在那个时代启蒙、救亡、反帝、反封建的昂扬旋律之中，成了无人关注的背景声。这场轰轰烈烈却以失败告终的运动，带给余上沅深深的思考。他决心不再做一个报刊上的呼吁者、介绍者，也不再做一个

1935年,余上沅(右)作为艺术顾问,随梅兰芳艺术访问团赴苏联,与梅兰芳(左)合影。

1946年,校长余上沅(二排左四)与剧专第九届表演专科毕业生及老师于南京合影。

剧专在江安时的"凭物看戏"现场。

1946年,余上沅赴捷克参与国际戏剧会,在由南京乘船去香港的船上留影。

剧专学校藏书室。

小圈子内的雄辩家、演说家,而是要培养一批中国的戏剧人才。

抱着这样的精神信念,余上沅为国立剧专立下了四字校训——"精诚立达"。这句出自《庄子》"不精不诚,不能动人"与《论语》"己欲立而立人,己欲达而达人"的校训,为日后剧专在山河破碎、风雨飘零的岁月中得以保存、发展提供了精神支柱。

作为一校之长的余上沅,本身对政治并不敏感,但在当时的环境下,他的艺术理想很难不跟政治扯上关系。为此,他不得不在教学以外多方周旋,以各种方式保护学生和老师。在余上沅看来,辅助社会教育固然重要,但对于一所学校而言,更重要的在于"研究戏剧艺术、养成实用戏剧人才"。只有经过了严格的训练,培养出一批具有智识、品味、阅历的戏剧人才,才能讲出这个新时代的故事,而不再重复过去的忠孝节义,中国的戏剧自然就发达起来了。

排演莎士比亚的戏剧、重视学生阅读、倡导"凭物看戏"……在剧专,无论是教学、表演,还是师生日常生活,余上沅都不遗余力地倾注自己的心力。而剧专舞台上排演的一出出话剧,似乎于无形之中给了曾经迷惘的余上沅一次次具体的回应。在那个破碎的"国剧运动"的梦中,旧戏与新戏之间的界限泾渭分明,能够调和的方法只有人与舞台的一次次推拉。而不论是曹禺的《日出》,还是莎士比亚的《哈姆雷特》,剧专舞台上的表演经过中国人的演绎,都充满了东方式的解读。剧专在江安期间,像是等来了时机成熟的时间点,"宇宙、人生、艺术、戏剧,一切的一切,都得到了最终的调和,那么古往今来的大梦也就实现了"。

在当时国民党政府的高压政策和紧张局势下,余上沅几度心力交瘁,想要辞职,但最终都支撑下来。剧专平安地走到了新中国成立前夕,剧专学生后来在戏剧、影视界的影响,也间接印证了他的成功。

余上沅和他的家人在江安生活了六年,儿子余安东的童年是在江安度过的。他回忆当时父亲牵着他的手在校园里走路,父亲注意着学校的角角落落,"一会儿踢开一粒挡路的石子,一会拾起一张废纸扔进垃圾箱。"

剧专搬离江安后,余上沅的生活一度坎坷。然而,每当父亲站上排练场地,余安东仍然被沉浸于戏剧的父亲所震撼,"平时沉默寡言的父亲似乎换了一个人,热情激动,容光焕发。"

1935年冬，导演张彭春（左）在天津南开中学《财狂》的彩排中，指导曹禺（右）排戏。

小城的创作岁月

如果把中国话剧的发展比作一条河流的话，在20世纪30年代，这条河终于来到了水草丰茂的地方，这个路标就是中国现代话剧的奠基人曹禺。

1933年，年仅23岁的清华大学外文系学生曹禺以"雷雨"般的迅猛姿态冲击了戏坛，他交出了他的处女作——《雷雨》。这部作品被作家巴金赏识并发表，从面世开始就成为最卖座的剧目，打破了以前中国只能演国外话剧的局面，被称作"中国话剧百年第一戏"。正处于创作黄金期的曹禺，紧接着又写出了《日出》《原野》，完成了他的"生命三部曲"。

1935年，这位正炙手可热、冉冉升起的话剧大师，应余上沅邀请来到国立剧专教学。当战火蔓延时，曹禺作为学校的教务主任一路护送着学生来到了江安。

在江安生活教学期间，曹禺借住在一个姓张的人家里，生活虽然贫寒，但给了他暂时的宁静。为了观察人物和累积灵感，曹禺常去江安的谯楼上泡茶馆，从茶客的言谈举止中揣摩他们的职业与身份，将观察所得及时记在随身携带的本子上。他后来回忆这段时光，仍对茶馆念念不忘，"只要你花一小毛钱，一碗茶总是没完没了地给你冲开水，挺讲精神文明的。"

1940年的秋天，曹禺在他的小楼中完成了他的第四部作品《北京人》。这部被评论家认为是曹禺最成熟的作品，采用了大量的象征手法，串联起整个故事，其中也融入了曹禺在江安生活的灵感。江安耗子多，当时曹禺发现，好不容易搜集的戏剧材料经常被耗子啃坏，他只能一次次重新编写。甚至有一回，耗子钻进了曹禺的袍子里取暖。后来，耗子被写进了《北京人》中，成为一个极具喜剧效果的象征。

这部《北京人》问世时，尽管在当时引起了不同意见与争议，却像一个寓言般宣告了作家创作时期的转折。当他人正投身于创作抗战、历史题材的戏剧作品时，曹禺却抛弃了以往揭露社会矛盾、展现强烈戏剧冲突的风格，转向以冷静、克制的方式重回曹禺擅长的家族框架，去寻找人在复杂处境中的生命原始热情。

这诚然是曹禺在戏剧创作理念上的转变。曹禺在谈论创作动机时说道，"当时我有一种愿望，人应当像人一样活着，不能像当时许多人一样活着，必须在黑暗中找出一条路子来。"

1940年11月初，江安来了一位远道而来的客人——作家巴金。两人这次见面为的是讨论巴金的作品《家》的话剧改编。这场关于文学与话剧的创作讨论在江安进行了六天，他们从文学创作谈到战时离乱，又从战时离乱谈到生命的不能承受之重。

1940年，巴金（右）来到江安，与曹禺（左）讨论改编《家》的事宜。

曹禺在江安故居"乃庐"的创作室。

1940年，曹禺（左）与校长秘书吴祖光（右）在江安合影。

1939—1941年，曹禺在江安的住所"乃庐"。

1941年，曹禺（中）与剧专第四届学生在江安合影。

巴金在生前最后一篇作品《怀念曹禺》中还原了这次对话，"我在江安待了六天，住在家宝（曹禺原名万家宝）家的小楼里，那地方真清净，晚上七点后街上就一片黑暗，我常常和家宝一起聊天，我们隔了一张写字台对面坐着，谈了许多事情，交出了彼此的心。"

对于巴金的作品，到底是遵循原作还是融入更多的个人创作，曹禺有着诸多顾虑，而巴金却鼓励曹禺大胆进行个人化的创作，"我鼓励他试一试，他有他的家，他有他个人的情感，他完全可以写一部他的家。"

这场对话给了曹禺鼓励，"我们谈得太投机了，每天都谈得很晚很晚，虽然是冬天，小屋里只有清油灯的微光，但是每次想起来，总觉得那小屋很暖很暖，也很光亮。"

与巴金的谈话过后不久，"皖南事变"爆发，重庆陷入白色恐怖中。在愈发紧张的政治气氛中，曹禺最终辞去剧专的职务，离开了江安。1943年4月，一部充满四川风情的话剧《家》在重庆上演。与巴金在江安的对话，终于遥远地在舞台画上了句号。

谢晋（后排左）导演话剧《大马戏团》时在剧场门前的留影。

一代导演的江安罗曼史

中国第三代电影导演谢晋是国立剧专的第七届学生。1940年，谢晋在上海读完高中二年级，瞒着家人报考剧专。由于大部分地区已经被日军占领封锁，谢晋转道香港、广州、湛江、柳州、贵阳，最后到达重庆，又坐船来到江安。

谢晋本来有一个看似更明智的选择。当时，家中已为谢晋写好了介绍信，只要谢晋高中毕业就可以进入复旦大学文学专业，在家人的期许中，如果能够学习理工、财经，走名牌大学或者出国留洋做个专家博士，就能光宗耀祖。然而，年轻的谢晋因为对戏剧的热情，执意选择了剧专，原因是"它（剧专）的老师太有名了"。

刚入学的谢晋跟很多年轻的男孩一样顽皮。学校对学生的作息管理严格，特地安排了训导员住在隔壁，监督男生宿舍的一举一动。谢晋和他的同学抓了一罐子臭虫丢在训导员的床上，差点被学校开除。这样的小插曲，充斥在谢晋的学习生涯里，有的还渗透到他今后的生活习惯中。

剧专在江安排演莎士比亚的戏剧《哈姆雷特》时，作为一年级学生的谢晋也在场帮忙。年轻的谢晋在后台跟几个同学大声地说笑话，传到了导演焦菊隐的耳中。

谢晋回忆起当时焦菊隐的口气，"出来！出来！谁在后面吵，站在那里！"这个活泼的少年因此在城墙边被罚站。"这个罚站对我这辈子都有很大的影响。"多年后，当谢晋已经是一位经验丰富的导演时，他的工作习惯同样严格、细致，每拍一场戏，他到的都比演员还早，"演员来很紧张，（看到）谢导已经到了，（后来）所有的演员都怕我。"

谢晋年轻时，浓眉大眼，外形条件很出色。有同学对谢晋的印象是，"小生、漂亮、个头高大，声音洪亮"。加上年轻时的谢晋极富正义感，在学校里很是出名。剧专隔壁的江安女子中学，一个漂亮的江安女孩也注意到了谢晋，她就是谢晋后来的夫人徐大雯。在徐大雯眼中，谢晋直爽的性格跟她相似，"他血气方刚，爱出头，爱打抱不平；看到有人欺侮女同学，就冲上去打架……别人不敢出头的事他敢！"

两人的相识也是因为戏剧。当时，跟剧专仅一墙之隔的江安女子中学正准备排练话剧《回春之曲》，剧专派了谢晋去帮助指导。而这部话剧的女主角正是徐大雯。因为常来帮忙，一来二去，两个人谈上了恋爱。

两人想尽了办法约会：搭一个木梯子，翻过剧专的围墙见面；或者两人一个站在校门内，一个站在校门外"隔空对话"。为了掩人耳目，他们还经常拉上同届学生陈怀皑当"电灯泡"。

1950年，电影《哑妻》海报，谢晋任该片副导演。

1954年，电影《鸡毛信》海报，谢晋任该片助理导演。

1957年，电影《女篮五号》海报，谢晋任该片导演。

1960年，电影《红色娘子军》海报，谢晋任该片导演。该片获得第一届大众百花奖最佳故事片，谢晋凭借此片获得最佳导演。

1962年，电影《大李小李和老李》海报，谢晋任该片导演。

　　谢晋20岁生日在江安掀起了一场不大不小的风波。生日当天，谢晋和几个同学在江安的茶楼庆生吃饭，徐大雯也到场为谢晋庆祝。当时时局紧张，国共两党军事冲突加剧，国民党安插了大量特务在江安，严格监视进步学生，并防止其他学生与之过多交流。而谢晋也在被监视的进步学生之列。庆生之事，被当时的特务以"有伤风化"之名告发，徐大雯因此被学校开除。而谢晋，在一个当地颇有势力，且也在追求徐大雯的"大哥"的暗算下，被抓进监狱坐了几天牢。

　　在当时还相当保守的江安，这件事让徐大雯面临着社会和家庭双重压力。还差一个月毕业的谢晋决定退学，带着徐大雯一同去了重庆。经历了战乱轰炸、空袭威胁的几年动荡，1945年，日本宣布投降，山城沸腾，谢晋也终于得以回到上海的家中，与家人团聚。

　　1946年夏天，徐大雯如期在重庆毕业，谢晋带着聘礼来到江安，正式登门拜访徐大雯的家族，拜了祖宗牌位、高堂父母。同年秋天，这对新人在上海举行了婚礼，证婚人是谢晋在剧专的老师洪深。

　　20世纪50年代，谢晋进入电影行业，作为导演的才华开始释放，开启

1981年，电影《天云山传奇》海报，谢晋任该片导演。该片获得第一届中国电影金鸡奖最佳故事片、第四届大众百花奖最佳故事片，谢晋凭借此片获第一届中国电影金鸡奖最佳导演。

1983年，电影《秋瑾》海报，谢晋任该片导演。

1986年，电影《芙蓉镇》海报，谢晋任该片导演。该片获得第七届中国电影金鸡奖最佳故事片、第八届大众百花奖最佳故事片、中国文化部优秀影片一等奖。

了一条光影的荣耀之路。1957年，充满青春气息的《女篮五号》；60年代，极具革命浪漫主义的《红色娘子军》；1986年，其最重要的作品《芙蓉镇》问世，被认为是反思"文革"最深刻、沉痛的电影。谢晋的导演生涯延续至21世纪，最后一部《女足九号》2001年上映，谢晋共拍摄有36部电影作品，被公认为中国影视界的标杆人物。

谢晋对电影的探索，表现了他作为新一代艺术工作者对中国故事的讲述。在谢晋的自传中，他谈论起自己生活在一个最容易出作品的年代，他同他的老师一样，延续了对历史的忧患感、对民族的责任感与使命感。同时，他也像焦菊隐一样，在自己的电影事业中，不断思考传统艺术，例如《红楼梦》、川剧、评弹中的艺术手法，将其熔铸于个人表达中，探索民族化的表达。

这位"江安的女婿"、剧专的学生，曾先后三次重访江安，于2008年10月18日离世。英国《卫报》在讣告中写道："享年85岁的中国导演谢晋的一生就是一部极好的电影，他的故事也是激流动荡的二十世纪中国历史的真实写照。"

王永梭

20世纪80年代中期,王永梭在江安演出《卖膏药》的剧照。

四川谐剧的开山鼻祖

王永梭投考国立剧专时,运气不好,赶上了"八·一三"日军轰炸重庆,他只好搭着汽划子溯江而上,终于来到江安。

这位来自四川的考生在考场上表演得十分认真、幽默。他回想起入学考中的"国语发音"部分,"两位主考老师一再鼓励我继续说下去,我每说一句,他们便大笑不止,就连站在门外边的人也笑了。照今天的说法,我当时的台词,完全是川味的椒盐普通话。"

入学考并没有获得所有老师的认同,但王永梭还是被录取了,担任主考官的陈治策起到了决定作用。陈治策从他的表演中,看到了一种独立戏剧艺术形式的可能。他跟家人闲谈中说起这名特别的考生,"这种表演很有特色,说不定今后会成为一种艺术门派"。事实证明,陈治策很有眼光。

王永梭出生于四川省安岳县,上过几年私塾,喜欢古典诗词,还参加过中学组织的川戏、方言话剧。进入社会后,他做过小职员,当过文书。由于长期生活在底层,很熟悉四川小人物的生活。

在一次迎新表演中,王永梭表演了一段《卖膏药》。这段表演全程只有王永梭一个人,因为卖膏药的是一个江湖艺人,他将观众当作潜在的对话群体,滔滔不绝地耍起了嘴皮子,"兄弟这个膏药要卖多少钱一张呢,说到一个钱字,生不带来死不带去,钱财如粪土,仁义值千金,不过话又得说回来,人无钱不行……"小人物的无奈和荒唐,都在这一长串的独白中。

几天后,几个同学说起这段表演,"万先生在我们上课时讲,那个王永梭很会演戏哩,他那个《卖膏药》,只一个人走出来左说右说就演起来了,这就是一种手法,叫白描,几笔就把人物写活了,演活了!"

1943年,王永梭毕业离校。同年,他在四川自贡市表演,第一次打出了他个人表演的节目名——"谐剧",中国曲艺一个崭新的剧种正式诞生。

王永梭的谐剧延续了他在学校表演时的基本特征:舞台简约,没有布景,没有道具,出场的只有演员自己,既说,又演。结合在剧专学到的专业知识,王永梭创作了一连串剧作,如《扒手》《赶汽车》《化缘》《茶馆图》等。他表演一个乘客想赶着坐一趟长途汽车的困难,表现旧社会普通人生活的苦痛;扮演一个口若悬河、汗如雨下的卖膏药的流浪艺人,说了半天也没赚到一个钱……这些小人物就像是中华人民共和国成立前四川街头常见的路人,虽然他们在生活中弱小,却幽默敏锐,通达人情,呈现出嬉笑怒骂,既悲又喜的苦涩。

王永梭的演出深受大众欢迎,在全国各地上演了二十多个谐剧作品,从一个人的演出到几千人的演出,掀起了谐剧的十年高潮,被称为"东方卓别林"。

王永梭在剧专成立五十周年庆的校友欢迎会上表演。

王永梭（左）与剧专学生李乃忱（中）等在成都的合影。

1989年，王永梭与夫人江润媛的合影。

王永梭和他创造的角色。

　　1980年，65岁的王永梭受相声大师侯宝林的邀请，前往北京参加中国曲艺家协会举办的"相声创作座谈会"。他为北方诸多戏剧团体接连表演了18个专场，好评如潮，迅速打开了京津地区的谐剧知名度，并与相声大师侯宝林、山东快书表演艺术家高元钧被并称为"曲艺界三大牌子"。

　　由于王永梭四处传授谐剧创作、演出经验，一时间学谐剧、写谐剧、演谐剧形成热潮。弟子开始陆续崭露头角，逐渐组成谐剧第二代传承群体。王永梭的弟子之一沈伐分别在1986年、1988年登上了中央电视台的春晚，让观众在电视前认识了谐剧，之后沈伐把谐剧带到了四川、北京等地，在社会上引起了热烈反响，其中沈伐的《王保长》演了3000多场，他也成为巴蜀地区家喻户晓的笑星。

　　女子谐剧的兴起也十分亮眼，以张廷玉为代表的一群女性谐剧人在舞台上表现着女性角色。在王永梭去世后，张廷玉带着师父的艺术追求一面雕琢谐剧的表演形式以更适应现在的观众，一面也训练着新的"女谐传人"。今天，谐剧仍然活跃在舞台上，还出现了四人谐剧、少儿谐剧等形式。

　　谁能想到，这门谐剧既不来自西方戏剧的移植，也谈不上传统的民间曲艺，作为一件东西中外结合的艺术形式，在人们的笑声中已经显示出强大的生命力。在年轻的余上沅困扰"何为国剧"时，王永梭的实践也给这些戏剧人带来了新的希望。

艺术之宫的门大开着，我们需要提起阔步直走进去。只有艺术，只有美，能够把中国这片丑恶的地方，变成宜于人类居住的妙境。

我爱艺术，我尤爱艺术之总汇的戏剧。

——余上沅，国立剧专校长

记得余校长生前和我说过一句话："有人对我们剧校说东道西，我不必作什么解释，只要看看我们学校出去的人才，就可以知道了。"当时这句话还并不怎么显得有明确的客观意义，可是时隔五十年后的今天，事实就非常明确了。

——陶熊，国立剧专第四届学生

回顾半个世纪（1939—1989）以来，如果说，我在谐剧艺术上有所作为，这都是母校国立剧专——"戏剧的摇篮"所哺育和培植的。

——王永梭，国立剧专第六届学生

啊！小城江安，虽然离开已经半个世纪，我也是年近古稀，但是那里的山山水水，日日夜夜；那教育我成为演员的母校，那抚育我的善良人民，仍然是那样清晰、亲切，令我怀念、眷恋。在那里，我度过了我一生中最美好的时光。小城江安，是我终生难忘的地方。

——冀淑平，国立剧专第四届学生

生活艰苦，食无肉，菜无油，炊无米，我们这些学艺术的学生们，还能一箪食一瓢饮，居陋巷，住破庙，发挥颜回的精神，在草台子上孜孜不倦地演出了多少世界名著。

——崔小萍，国立剧专第六届学生

剧专的教学方法和教育内容，教授们所传播的技艺，给我极深刻的影响，引导我走上艺术的道路。特别值得提起的，剧专校园里充满着人文、艺术和文化氛围，无形中感染着所有学生的气质，从艺者没有优良的气质，又怎能创造出完美的作品呢？有形的教育值得感谢，但无形的自由创作、自由吸收、自由争鸣的文化艺术气氛，才是决定我们命运的重要因素。

——陈怀皑，国立剧专第七届学生

岁月流逝，风云变幻，半个世纪过去了，对于一个人来说，这是一段很久远的生活了，但我仍是时常怀念那段日子。

——凌子风，国立剧专第一届学生

我忘不了听万先生"剧本选读"时的那般痴迷心态，使我有缘神游到各种奇妙的艺术幻觉之中，我曾经用整个心灵去吸吮那些天才们的智慧，得益无穷！

——高地安，国立剧专第六届学生

我最黄金的年华，是在江安度过。

——谢晋，国立剧专第七届学生

我们喝过江安的水，吃过江安的粮，永远忘不了江安人民对我们的哺育。

——曹禺，国立剧专教务主任

夕佳山：
从异乡到故乡

撰文
楼学

摄影
张律堂 等

在一个阴郁的冬日，我在当地人的带领下前往夕佳山民居。在川南无数的浅丘中，夕佳山民居就占据了其中一座。仅凭其名称，任何接受过基础教育的中国人都会在第一瞬间捕捉到其中弥漫着的山水景致与田园诗意。1600年前，田园诗的鼻祖陶渊明在江西北部的一片田园中，采菊东篱下，悠然望见了庐山，写下"山气日夕佳，飞鸟相与还"的名句。"夕佳"二字，时隔千余年后被挪转进另一个遥远的地方，冠名了另一处理想的田园。

湖广填四川的"间奏"

夕佳山民居的创建历史要回溯至明万历四十年（1612），生活在江安南乡的土著席氏家族看中这里的山形地势，决定于此建造私宅。但明末清初的四川充满了血腥与动荡，不同的政治势力皆不愿放过这片天府之国，接连而来的战乱使这里的人民遭受了极为深重的灾难。

要理解今日四川的面貌，明清两代的"湖广填四川"无疑是不可回避的入口。在席氏修建夕佳山之后约一个世纪，民居即被售予"新移民"江夏黄氏。

自明末以来，四川经历了数次大型战乱。1644年张献忠入川，与明朝的四川政府展开了激烈的拉锯战，王夫之在《永历实录》记载"献忠之在蜀也，杀掠尤惨，城邑村野，至数百里无人迹"，是为四川一大浩劫。清军入关之后，也与残存的南明势力在四川展开会战，再次造成了巨大的人口损失。因此，从康熙十年（1670）开始，清政府鼓励湖广居民向四川大规模移民，除了其间因三藩之乱（1673—1681）而有过短暂的中断，这场政府主导下的大规模移民运动持续了一个多世纪，直至乾隆四十年（1775）逐渐限制移民方止。

尽管有不少人笼统地将黄氏家族视作清初湖广填川的移民，但事实上，黄家走在了这场大移民之前。《夕佳山民居志》中记载了其移民进程：早在1644年，黄氏家族入川的初代移民黄金榜，从湖北江夏迁移至泸州小市的七台房基；随后又因战乱搬迁至永宁（今叙永县）；最终于1677年，由黄金榜之孙黄飞玉购买席氏宅业，定居至江安夕佳山。

黄氏缘何在明末的战乱中白发地来到四川，如今已缺乏足够的史料可以论证。也许，发生在更早的洪武时期移民，即第一次"湖广填四川"，给湖广地区的家族留下了深刻的迁移记忆。文保学者曹家树向我们介绍，广义上的"湖广填四川"并非仅限于官方组织的移民运动，不少家族抵达四川后开枝散叶，亦有小规模的区域内迁徙；而那些发展壮大的家族，也会回到祖籍，自发带动更多的移民入川。这也许能更好地解释，为什么夕佳山黄氏的入川节点看起来更像是两次官方主导移民的"间奏"。

移民入川的过程充满艰辛，但遗憾的是，早在雍正初年，位于泸州小市的黄氏祠堂毁于火灾，族谱也化为灰烬，其家族入蜀的过程已不可考。但曹家树援引了一些其他家族的移民故事，从中可以窥见历史的宏大叙述之下隐藏了多少不为人知的艰辛。来自湖南邵阳的曾氏后裔抛弃故乡田产，徒步入川，途中路过一处崇山密林，因虎豹潜行，要约定集齐百人才能上路，行路时更要妇孺居中，由男子开路及断后。有来自福建的邹氏兄弟，在途中遭遇土匪抢劫，只得一人入川、一人回乡，待攒够移民费用后才再次入川，终于在腊月三十抵达四川，未及安顿，只能在正月初一才吃上年夜饭——这一习俗至今保留在江安南屏岩的邹家。

另一个故事可以解释本地历史的诸多"失忆"：在县北铁清镇的坎上边居民，清初的新移民披荆斩棘，整理前人逃难后留下的房屋，而在卧室的蚊帐内，还留有前任主人的一具白骨。四川盆地内诸多历史的断层，无不与频繁的兵戎灾祸有关。正如夕佳山民居的有关研究，对黄氏家族更久远的溯源力所不逮，对土著席氏的过往也罕有记载。夕佳山民居为人熟知的历史，要等到两任主人的交接之后了。

风水与乡土的改造

初来夕佳山的游人都会对这里独特的地势印象深刻。民居地处山巅，视野开阔，曹家树介绍这里的山形正如一只螃蟹，站在民居门前的平台上眺望，正对着的山岙正好符合在本地"坟对高山，屋对岙口"的风水理论。远眺所及，遍布江安常见的浅丘，如同众多的小蟹，形成"九蟹寻母"之势。

"螃蟹"之所以能成为一种理想的风水元素，在于其"壳甲"正是"科甲"的谐音——在足以改变家族命运的科举考试中高中三甲，无疑对每一个崇尚耕读传家的家族具备极大的吸引力。

因此，在夕佳山的风水选择和改造中，"螃蟹"总是核心的要素之一。两侧的山形被视作螃蟹的蟹爪，民居前的水塘被视作螃蟹的嘴巴，院坝内的两口水井则被认为是螃蟹的眼睛。在本地流行的传说中，黄氏后裔黄铁秋在20世纪30年代扩建民居时，为了工程便利，填埋了院坝内的水井，竟因此而导致眼睛失明。更多螃蟹的元素也出现在民居的雕刻中，作为与风水环境相呼应的画龙点睛之笔。在曹家树的介绍中，我们得知江安本地的传统中，在修建大型民居时，基

夕佳山民居坐南面北,占地6.8万平方米。整体建筑为四合院式,纵深三进。由于地势平坦,视野开阔,加上四周绿树掩映,鹭鸟飞翔,景致怡人。
摄影/刘建雄

↑ 悬挂在前厅的"龙光永榭"匾，为位列"戊戌六君子"之一的刘光第为感念恩师——黄氏八代孙黄学海所赠。如今人、事早已成过往，匾额仍记录着这段几百年前的师生情谊。

↓ 夕佳山民居不仅整体规模宏大，颇具气势，内部建筑装饰也精细非常。

础、梁架、雕刻各占预算的三分之一，夕佳山民居中随处可见的精彩雕刻，即是这一传统的实证。

在江安，螃蟹元素并非夕佳山的专利，而是明清民居中的流行款：大妙镇顺合村的梁氏民居和鹿鸣村的王家大院，均采用了螃蟹形的布局或螃蟹主题的雕刻。

对于风水的改造不仅限于螃蟹的象形。在五行理论中，石碾子属金，因此放在房屋的西侧；厨房属木，故而被安排在东方。又由于夕佳山山顶的地势较为平坦，尽管前有水池，但后无靠山，黄家在堪舆师的建议下植树增势，在房屋背后广植桢楠树，扭转了这一风水上的劣势。植树造林也改变了本地的生态环境，每年的二三月至中秋期间，数以万计的白鹭飞来此地，真正形成了"飞鸟相与还"的独特景观。

而使夕佳山民居能够脱颖而出的是这里独特的布局设计。

初期的民居仅有最南面的堂屋一栋，但随着黄氏家族的逐渐扩大，建筑群逐渐向北扩张，形成了前后三进的格局。在扩建过程中，受到传统"左尊右卑"观念的影响，西侧的建筑地势较东侧为高，并在第二进与第三进之间建成了上、中、下三个客厅：最东侧的下客厅用于接待农户，在端午、中秋等节日，这里是与佃户"议租议谷"的地点；中间的客厅则接待一般客人，装饰着各类匾额、字画和漆木家具，有着浓郁的文化氛围；最西侧的上客厅最为隐蔽，是西花园内的一栋独立建筑，左右配置琴房、书房，周围环以假山园林，是民居中最优雅之处。这三处客厅的排布，生动诠释了农耕文化背景中尊卑有序的家族秩序。

上客厅所在的西园林是夕佳山民居的精彩之处，这个园林被一扇门分割为南北两处：南面的怡园效仿南方园林的风格，以假山、池沼、凉亭布置其间；而北面的沁园则有更鲜明的北方特色，以孤植为主，在空旷的园林里，一棵斜生的黄葛树构成了视觉中心。这处园林的形式也很好地服务于其功能，沁园北侧就是家族后代和周边大户人家子弟的读书学馆，身处在僻静又相对封闭的园林内，保证了安静美好的读书氛围。

而整组建筑的精神核心仍然是最深处、最中央的堂屋。很多"湖广填四川"的移民在离开故土时，都会随身携带祖先的尸骨与家乡的泥土，安置定居后再安放在新家的堂屋内。对远道而来的新移民来说，这个小小的仪式空间是家族的情感寄托所在。其中所立的"天地君亲师"牌位上，处处埋藏着书写方式的玄机："天"字，大字不顶一，意为天乃至高无上；又有"地"不离土，"君"不开口，"亲"不闭目，"师"不并肩，皆为儒家传统的伦理教化。甚至连堂屋顶上的瓦片也不闲置，上面写满了成套的四书五经，以寄托耕读传家的家族理念。最具历史意义的是主梁上的墨书题名，清晰地记载了咸丰己未年（1859）九月二十八日黄氏八代孙黄学海重修房屋的历史。

屋脊上的"山谷题留"灰塑，则是为了纪念黄氏先祖黄庭坚。北宋元符三年（1100），被贬四川的黄庭坚获赦东归，路过江安时于此地居住了一月，并在偶住亭内会访前来送别的好友祖元大师。谁又曾想到，数百年后，黄庭坚在诗文中所偶住的江

民居内的古戏台。低于戏台的台前长廊是视野极佳的观看席,而戏台四周,雕刻精细的木栏、挂落,为观众融入戏剧提供了天然装饰。摄影 / 刘建雄

一座高耸的双斗旗杆立于民居正前方,彰显着黄氏家族过往的辉煌。
摄影 / 刘建雄

安,竟会建成属于黄氏后裔的堂屋,成为他们定居的乡土。

川南的士绅实践

夕佳山民居正前方有一座高耸的双斗旗杆,高约13米,下有鼓形石墩——在古代,这样的旗杆是家中有人获得科举功名的象征。清光绪己丑年(1889),黄氏入川后的第十代孙黄中美考中恩科举人,成为家族史上的光辉时刻。

由传统农业家族起家,经由数代人的漫长积累,最终通向科举考场实现功成名就,是中国古代农业社会中最经典的发展路径。所谓"耕读传家",大概也可以理解为"耕而优则读",那些为家族考取功名的书生,或是出乡为官,从此进入一个更大的世界;或者至少也能在家乡成为颇负名望的士绅,成为影响地方发展的核心人物。

作为典型的木结构建筑,木雕装饰被广泛应用在民居各个角落,主题多以表达吉祥寓意或传统文化精髓的故事为主。

夕佳山民居中处处皆是对耕读的提倡与实践:在前厅的四扇大门上,即分别有渔、樵、耕、读四幅精致的木雕,演绎出传统农耕社会中基本的生活方式和人生境界;在民居的整体布局上,也呈现出笔、墨、纸、砚的不同形状,四个天井连带建筑群的中轴线,正好又构成"田"字的整体布局。在这些建筑与生活的诸多细节中,都可以窥见"耕"与"读"贯穿了这个家族最核心的信念。

咸丰年间曾主持房屋重修工程的黄学海,凭借家族的经济实力成为地方士绅。他曾经捐资修筑天佑寨,保全当地乡民免受土匪的骚扰。光绪五年(1879),黄学海再捐资千金办学田,倡导开办留耕场桂香学校。他的行为深受当地百姓爱戴,不少颇有名望的地方官绅送来匾额,"捐资成美""望重乡闾"等共同勾勒出黄氏家族进阶的道路。

黄学海因此成为改变家族命运的核心人物,在他的影响下,其子黄希孟考取贡生,其孙黄中美考取举人,从而终于在门前为家族树立起背负荣耀与名望的双斗旗杆。

黄学海对教育的重视，也源于他自己的官职身份，在他的为官生涯中，曾在川南数县担任教谕（地方教育长官）。正是在富顺县教谕任上，他培养出了自己最杰出的弟子刘光第。在黄学海的影响下，刘光第先中举人、再中进士，得以进入北京的官场，成为刑部的一名官员，并最终凭借着自己的"器识宏远，廉正有为"，被推到光绪皇帝的视野中。

1898年，刘光第英勇就义于北京菜市口，以名列"戊戌六君子"而名垂青史。在迁入四川盆地两百余年后，黄氏家族在遥远川南的浅丘山林中，与中国最前沿的改良运动发生联结。如今在前厅的中央，还高悬着刘光第感恩老师的"龙光永榭"匾。

两百余年的时间跨度，使黄氏家族完成了从移民到士绅的转变。士绅的实践，不仅仅是与土地发生更深刻、更广泛的连接，也意味着从土地中孕育成长起来的强大力量。1930年，黄氏后裔率先在"青瓦出檐长，穿斗白粉墙"的传统民居旁新建起西洋风格的楼房，更成为川南一地堪称惊世骇俗的举动。而时代的变革，也终于以一种如此醒目的方式渗入了川南的乡野。

田园重生之路

尽管名称中诗意盎然，但"夕佳山"并非这处民居的本名。在本地人的记忆中，这里曾被称为"席家山""西家山""锡家山"或"锡嘉山"。

20世纪80年代，全国各地的文化研究人员逐渐注意到这片地处川南的民居，最终由江安黄氏宗亲黄稚荃教授提议、文保专家单士元先生拍板定名，更名为"夕佳山"。"夕佳"之名，始于奇书、骏马、佳山等"民间三奇"，不仅保留了原有的地名发音，更能用典东晋陶渊明的《饮酒》，可谓地方传统与古典诗词的精妙组合，更在文字意涵上贴合人居理念，是颇为成功的地名"雅化"案例之一。

当然，也有朴素的当地人对这一更名颇有微词：在他们看来，"夕"字乃是日落西山，实在不够吉利，远不如"锡"字带金所暗示的那般富贵吉祥。"民意"与"诗意"之间的微妙错位，不仅是地名雅化时可能面临的争议与困境，在文物保护与利用的过程中，也必然充满了误解和阻碍。

地方学者王显友是这一地名雅化的见证者，正是他在面对颇多不理解的情况下，以一己之力保存了夕佳山民居。王显友曾是一名中学历史老师，在就任江安县文化局局长后，曾经的从业经历使他对文物的历史价值保持了基本的敏感。身为历史老师的他能够熟练地向我描述四川盆地如何历经秦代李冰治蜀、隋朝由三峡出川平定江南、明清时期湖广填川等重大历史事件，由此来理解四川如何在以中原为中心的农耕文明中异军突起，成为历代政权重要的"大后方"。

早在1984年，王显友就已经意识到夕佳山民居作为农耕文化典型代表的价值，致力于将其改建为一座农耕文化博物馆。然而当时的民居仍属县委党校，文化部门的"回收"工作可谓"人财两空"、困难重重。由

夕佳山民居为桢楠林、竹海环抱，众多鹭鸶鸟群居其间，素有"天然鹭鸟公园"的美誉。摄影 / 刘建雄

于当时的县级财政颇为紧张，有人提议出售夕佳山民居，将其改建为疗养院或工厂作坊，一方面可以利用原有的古建筑，另一方面亦为地方创收增加途径。在王显友的坚持下，这座明末的民居最终没有以 20 万元的价格出售，而是终于等到了四川省文化厅的拨款，得以改造成一座博物馆。

如今看来，我们皆要感谢王显友在那个颇奉行经济实用主义的 20 世纪 80 年代，仍然保持着文化工作者的热情、笃定和有预见性的眼光——后来的事实证明，这座庞大精致的民居无论其规模还是价值，均可称川南之首。1991 年，夕佳山民居被公布为四川省文物保护单位，仅仅五年之后，又被列入全国重点文物保护单位。夕佳山民居成为中国最早被纳入国家级文物保护体系下的民居之一，作为对比，即便是后来被列入世界遗产的民居项目，如皖南古村落（西递、宏村）与开平碉楼，皆到 2001 年时才被列入这一国家级的文保单位名单，王显友的坚持与远见显然功不可没。

在王显友的眼中，湖广填川的历史背景、地处中国农业社会大后方的地理背景，共同建构了夕佳山民居的重要性，使其成为中国传统农耕文明的代表。它记录着农耕社会中关于生存、温饱、发展的历史路径，人们如何生产生活，如何经营土地，如何保有家国情怀、心系天下。想要理解农耕社会的方方面面，皆可在夕佳山民居推门而入。"蜀为远邦，邑曰巨阵，其政系于国体，所寄继于上心"，地处川南的夕佳山，以其独特的时空背景，成为四川这一农耕重地在唐宋之后逐渐兴起，并终于能够"号为至重"的一个缩影。

这一漫长的历史脉络，当然可以追溯至明清两朝浩浩汤汤的填川运动；也可以在蜀人苏洵《重远》的"川峡实为要区"中找到边疆政治理念的雏形；甚至灰线游走，绵伏千载，通向陶渊明在阡陌间的悠然遥望。

"山气日夕佳，飞鸟相与还。"

在抵达夕佳山时，四川盆地正值冬季，蜀犬吠日，阳光不可奢得。导游词中讲每年都有数以万计的鹭鸟飞翔其间，我也只能在田间隐约见到几个白色的剪影。平心而论，这并非想象中的最佳时刻，但陶渊明的诗句更似一个贴切又美丽的预言，落日熔金，鸟倦归巢，在一片金色光芒的衬托里，巡游世界的飞鸟，正返回一片安乐美好的田园。

无论是建筑规模,还是文物价值,夕佳山民居都堪称川南古民居建筑之首。跨越四百余年,星空下的这座民居仍向世人展示着传统田园的无限美好。摄影/刘建雄

摄影/蔡磊

地道风物

江安地处长江之滨，依水而生、因水而兴，境内众多古镇作为水运码头曾繁盛一时，"黄金水道"铸就了这里的昔日繁华，也奠定了江安的文化底蕴。如今航运衰落，古镇老去，"靠江吃江"的生活已然消逝，但江水依旧，见证着江边人家的悲喜生活。

江安竹簧：风潮、风骨与风浪
一城居民半茶客
江边古镇，故人旧梦

江安竹簧：
风潮、风骨与风浪

撰文
孔雪

摄影
冯大伟 等

阳春三月，江安已是春雨归来，千顷绿竹青翠欲滴，毛竹笋、宜宾竹荪、竹荪蛋……新一季的竹林山珍如约而至。人与竹之间的关联，起于青翠的山岭之间，比江安这座城的历史还要长久。年长一些的江安人说起竹子，多会从"水码头"讲起。自西向东穿境而过的长江黄金水道，润活了明清以来江安的竹贸易。旧时滨江的老街繁荣热闹，家家户户都做竹筷、卖竹器。

房前屋后不可居无竹，是江安人与竹在地理上的亲密；以竹簧为代表的江安竹工艺，则是人与竹延绵不断的世俗牵连。作为一种传统技艺，竹簧是江安翠色竹海中的一抹象牙白；作为一个曾在长江之滨闪耀过的传统行业，它的旧梦和余波都与江安人紧密相连。

风潮
小商品占领大市场的江边明珠

周波，江安竹簧世家传人，在县城闹市区开着一家二三十平方米的竹工艺品店。

去年冬至，他从被江安人昵称为"后花园"的南屏山上砍了几棵竹子，作为竹簧雕刻的原料。冬至砍竹不易生虫，四五年生挺拔健壮的楠竹，当天砍完次日运下山，锯成竹筒后把外表青皮、中部竹肉削去，仅保留内壁。

这层约2毫米厚的内壁，就是手艺人们所称的"竹簧"，也叫竹黄、簧片等。将簧片蒸煮或高温烤制，在水、火、竹的交战中，完成圆弧到平面的转折后，就可粘贴到其他竹木材质上，开始雕刻、烟熏、镶嵌等，完成一件件竹簧工艺品。在江安，竹簧工艺狭义仅指竹簧雕刻，广义则涵盖了江安全部竹工艺。

江安竹子繁茂，以竹为生已是传统，但竹簧并非江安自创的工艺。1889年，湖南人沈秉堃任江安知县时，从湖南邵阳引进竹簧技艺，才勾连起湘蜀两竹乡间的历史渊源。此后，竹簧工艺与本土竹工艺融合，日益兴盛。民国时期，江安已设有竹工艺厂家。20世纪50年代后，江安形成了以竹簧工艺厂、竹筷工艺厂（后更名为江安竹工艺厂）为代表的几十家大小工厂，并在20世纪七八十年代走向鼎盛。

图为龙凤呈祥筷,由何华一及女儿何玉兰设计雕刻。竹筷是江安传统竹工艺产品之一,最早仅作为日常生活用品。20世纪50年代,赖银章首创的"龙凤筷"在全国声名鹊起,自此江安竹筷逐渐向精美工艺品发展。

摄影/甘霖

江安竹簧的百年发展史

江安竹簧，自清光绪十五年（1889）传入，1915年在国际舞台崭露头角，20世纪七八十年代走向鼎盛，至2007年被批准为"第一批国家级非物质文化遗产保护名录"扩展项目。竹簧的发展，贯穿着江安这座江边小城的近现代历史。

1889

▶ （清光绪十五年）江安知县沈秉堃自湖南邵阳引进竹簧制品，由本地木雕工艺师许昆山、蒋云成等人试制成功。

1915

▶ 蔡金山创作的"竹簧花篮"荣获巴拿马万国博览会金奖，江安竹簧第一次走上国际舞台。

20世纪20年代

▶ 民生轮船公司开通长江上游航线，江安为其停靠歇脚的码头之一。乘船过往旅客倍增，县城水码头一带，前店后坊，以竹簧工艺品、竹筷制作为特色的店铺逐年增多，江安竹簧工艺品一条街初具规模。

▶ 周少清创立玉竹作坊，首创烙印竹筷（即印花竹筷）。因创建的工坊名为玉竹，后人将周少清及其弟子归为玉竹派。

▶ 刘子卿创建致和工厂，著名竹簧艺人蔡金山、邹云森、李国才、顾聚铭、邹云海、周海山等均加入其中。因创建的工厂名为致和，后人将刘子卿等人及其弟子归为致和派。

▶ 以王绍清为首的王氏派，创造"明劲镶嵌"工艺，其作品古雅新奇，在当时独树一帜。

1930

▶ 李静谟等侨商开始将江安竹簧运往南洋销售。

20世纪50年代

▶ 江安竹簧生产小组（后更名为竹簧工艺社）成立，后在其基础上组建了江安竹簧工艺厂、江安竹筷工艺厂，在政府倡导下，致和派、玉竹派、王氏派等传承人悉数归入厂中。后人将20世纪后半叶，在这几家国营竹工艺厂中历练成才的手艺人归入综合派。

1953

▶ 赖银章制作"龙凤狮头筷"为毛泽东花甲大寿献礼，江安竹簧再次享誉全国。

▶ 江安生产的英文竹簧麻将畅销多个国家。

20世纪六七十年代

20世纪80年代

▶ 江安境内逐步形成以竹簧工艺厂、竹筷工艺厂、竹木加工厂、竹藤厂、竹器厂等国营竹工艺厂为代表的大小几十家竹工艺品厂，江安竹簧走向鼎盛。

▶ 江安县创办江安竹簧工艺学校，学校办学一期，后陆续举办多次培训班，共培养50余名学生。这些学生成为今日江安竹簧工艺的中流砥柱。

▶ 何华一开创性地将楠竹运用到装修之中，为江安竹簧拓展了新的发展空间。这一时期，江安竹簧制品已涵盖竹簧、竹筷、竹筒、竹根雕、竹编、竹家具、竹装修等七大类、上千个工艺品种。

1985

▶ 江安竹装修走向全国，备受消费者青睐。

1993—2000

▶ 受塑料制品及外出打工潮影响，江安竹簧产业由盛转衰，县内国营的竹工艺、竹器厂逐步转制或自然解体，手工艺人成为个体或合伙生产经营者。

2005

▶ 入选省级非物质文化遗产项目。

2007

▶ 被批准为"第一批国家级非物质文化遗产保护名录"扩展项目。

2008

▶ 入选国家级非物质文化遗产项目。

周波的父亲周明伦是江安竹簧鼎盛期的代表人物，曾任竹簧工艺厂厂长。周明伦12岁就跟随父亲加入早期竹簧工艺社学习雕刻，20世纪70年代时已经成为江安竹簧工艺厂顶尖的雕刻能手、造型设计师。之后以厂长身份，创办了江安竹簧工艺学校，见证了江安竹簧成为声名远播的四川名优地方特产。翻看早年的《江安县志》，各级领导纷纷因竹簧造访江安，国人熟知的艺术家吴冠中、中国第三代导演谢晋等名人均曾在竹簧厂、竹筷厂留影。江安以竹簧工艺做到小商品占领大市场，曾以此掀起一时风潮，堪称长江边上的一颗明珠。

正在人们折服于竹簧雕刻出的缥缈山水小世界时，外面风波正起。

20世纪90年代初，整个中国处于从计划经济迈向市场经济的下海浪潮中，有人抢做弄潮儿，也有人步伐迟滞。曾被"强带弱"学大寨传统束缚过的能人们，此时从厂里走出各立门户，一时间临近旧时水码头的商业街上，如雨后春笋般冒出许多竹簧店铺。但潮水又在此后数年间迅速退去，新兴塑料、金属、玻璃制品的冲击，席卷全国的外出打工潮，传统竹工艺品缺乏创新趋于同质化，加之竹工艺礼品市场萎缩，原本多达几十家的江安竹工艺厂几乎全未跨至21世纪。如今的江安，仅余几家工艺传承完整或是锐意创新的世家作坊坚持了下来。

"20世纪90年代是你没雕完，东西就被预订出去了，现在是先雕好了摆着，等卖出了再题字。"周波说。

周波十几岁就随父亲周明伦学艺，1985年正式进入竹簧厂。200多个员工，7000多平方米的厂房，周波说那时工人一年能赚一千多元，比县领导都高出许多，"一说是竹簧厂的找对象，完全不愁"。父亲对周波很严苛，学艺时从推竹青（去掉竹筒外的青色竹皮）开始练习手劲儿，一天下来手连菜都夹不起来。周波进厂后，从竹子的砍伐选材到深加工，拜电工、钳工、造型师、雕刻师各类师傅，打通全链条技术，周波花了10多年。

"父亲说只要有技术，就不担心找不到吃的。"周波说。他记得三十年前在没包装盒的年代，父亲赶火车奔波于各大城市的展销会，要用一层一层报纸仔细地包裹竹簧工艺品。承其鼎盛，也受其衰落，父亲的一生投入到江安竹簧之中，晚年在国家级非遗传承人的荣誉落定之前就去世了。但父亲终归还是给他留下了一门全面的手艺，让他在行业衰败之后，仍可依靠技艺、依托父亲的名望，在老街上继续存活。

"现在一年砍12根竹子就足够了，手艺活不能批量生产。"周波说。他介绍起桌上装着几十只刻刀的旧匣子，"这是杨松木做的盒子，盒面贴象牙色的楠竹竹簧、镶嵌黑色乌木纹饰，是以前老厂子的做法。"店里最常卖的是工艺筷，通常一盒八双，老说法是为了配八仙桌。这种筷子可以卖到三百元，更精细的竹筷工艺品可卖三四千元。店中也有价值十几万的传统竹簧艺术品，偶有江安和周边地区的客人买去做礼物。

周波是江安的县级传承人。他见过热闹，也守得住店里现在的冷清。初见时他有些不自在，说多了竹子和老厂子才逐渐轻松起来。父辈的朴拙传统，在心手之间传下来，让他

辉煌年代

20世纪七八十年代,依托几代艺人的心手创造,江安竹簧的技艺水平、艺术水准、产业规模等均走向鼎盛。境内竹簧工艺厂、竹筷厂、竹器厂等六大国营竹木工艺厂各有侧重,竹簧、竹筷、竹筒、竹根雕、竹编、竹家具、竹装修……江安竹簧七大类、上千个工艺品种,在这一时期得到极大发展和完善。

从竹簧雕刻的圆桌、八方糖果盒等日用品,到人面竹镂雕花瓶、高浮雕笔筒等具有收藏价值的艺术品,江安竹簧既收纳着世俗烟火,也含蓄着文人精神。

竹簧明筋拼镶茶叶筒

◆ 1999年,蜀南竹海工艺研究所
◆ 以竹簧拼接镶嵌而成的高档礼品筒

竹簧八方糖果盒

◆ 1986年,蜀南竹海江安竹艺研究所制作

竹簧阴沉木首饰盒

◆ 1995年,蜀南竹海江安竹艺研究所制作

竹簧麻将

◆ 1983年,由江安竹工艺厂生产
◆ 20世纪80年代竹工艺厂最受欢迎的产品之一,是江安创外汇的工艺品之一

竹簧篆四方茶叶盒

竹簧工艺钟座

◆ 1986年，江安竹簧工艺厂制作

◆ 1983年，江安竹簧工艺厂制作
◆ 竹簧厂与重庆钟表厂联合定制的现代工艺精品

反簧正六方茶叶筒

  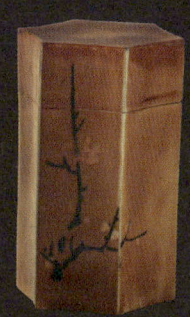

竹簧竹青雕刻龙凤压条

◆ 1986年，江安竹簧工艺厂制作
◆ 将竹簧按照一定角度定型胶合制成的实用型茶叶筒

竹簧拼嵌糖果盘

◆ 1983年，江安县竹簧工艺厂制作
◆ 由竹簧拼接镶嵌而成的精美日常生活用品

◆ 1998年，蜀南竹海工艺研究所制作
◆ 以竹簧及玻璃为盒，内置雕刻龙凤纹样的竹青，深受书法专家们喜爱的文房用具

沉浸在以竹为生的传统之中。他是典型的手艺人，只是属于手艺人的时代已经过去了。

风骨
"竹子越怪越好看"

周波店外，一条街两边都是时尚女装店，冬日橱窗里的棉服样式紧跟流行，外放的流行歌也飘进周波店里。他的店里常年挂着父亲被领导接见的照片，收藏着《四川科技报》对父亲的报道，时间仿佛停留在报头的20世纪80年代。

后人总结江安竹工艺的传承与发展，归纳出四大流派——致和派、玉竹派、王氏派、综合派。致和派、玉竹派、王氏派，与其说是"大"流派，更像是对几个传统工艺世家的致敬，周家便是玉竹派，周波是第五代传人。20世纪后半叶在国营竹工艺厂中磨砺成才的何华一、钟国富等，则归入综合派。

开在江安另一安静地段的宜宾市竹木工艺品陈列馆，是一个两千多平方米的竹艺文化空间，也是何华一对外宣传竹工艺的基地。店里有几十万元的高端竹簧艺术品、竹根雕艺术品，有现代风格的竹家具，曾风靡一时的竹簧麻将，也有竹艺茶器、香器等日用品和给小孩子的竹玩具。20世纪六七十年代，江安就已洋气地给麻将刻上英文，出口海外。彼时国内正在经历"文革"，特殊历史环境阴差阳错地以出口创汇带活了江安竹工艺。

何华一，江安竹簧工艺目前唯一的国家级非遗传承人。1947年出生的他在20世纪80年代就有了"竹痴"的雅号。"总体来说，江安竹工艺比较全面。"何华一介绍道。全面，既是因历史上本土竹文化竹资源丰沃并引入了竹簧工艺，还在于现当代竹工艺人顺应时代的诸多探索。

"20世纪70年代初我刚进竹筷工艺厂时，场景很凄凉，厂里员工多是老弱，产品很基础。当时我就有一个志向，一个年轻人来到这里，绝对不能吃老本。"何华一回忆。到了20世纪90年代初，竹制品如竹椅等受到塑料制品的重创，来江安的客人对竹椅摸了又摸看了又看，很是喜欢，却不会带走。

时代岔口当创新。20世纪八九十年代，何华一自己做设计、做推销，在竹产品大受冲击的时候开辟竹装修的空间，将楠竹应用到天花板、地板、壁板等综合装饰中。他的足迹遍及北京、云南、河北、辽宁等地，带领竹工艺厂绝处逢生，还带动江安一些竹编厂艰难地生存下来。

"传统在你手里，不能是一个救生圈，"何华一说，"必须继承和创新。"

近年，何华一在四川大学等教育机构开班授课，除了讲构图设计、雕刻工艺，他还会告诉学生只有琢磨透人物的时代背景，才能用刻刀表现好人的悲欢离合。他的代表作之一《长江颂》雕了400多天，曾在上海世博会展出。多层竹簧堆叠，水纹与竹叶灵动，其间的竹林七贤神态生动，或举棋不定或悠然观战，人性与余味都在细节之中。

如今虽声名远播，可他不太喜欢流行的"匠人"这个词。"要说'匠'，我可能是'倔强'的，是有脾气的。"何华一说。文人逸趣、艺术底蕴与金石韵味，都是在竹工艺品细节背后的暗功夫。这让他的竹工艺更

年过七旬的何华一,是江安竹簧唯一的国家级非遗传承人。20世纪80年代,他开创性地将竹簧工艺运用到装修中,为江安竹簧开拓了新领域。如今,他仍坚持每天创作、雕刻,不断寻找着现代竹簧发展的方向。

制作一件竹簧工艺品，要经过选材、开簧、刨簧、造型、构图、雕刻、深饰、在型等多道繁琐工序，所需时长依雕刻工艺长短不一。

雕刻之前，手艺人们会根据"簧片"的纹理、质地等打好"腹稿"，然后用毛笔绘制于竹簧之上。

有自省意味，也多了一重艺术追求。"非常之观，常在于险远，而人之所罕至焉"，他引王安石的《游褒禅山记》名句自勉，艺术无尽头，你投身其中，孤独，也不孤独。

但时代的问题，艺术无法全解答。尽管子女与徒子徒孙各显神通，江安竹工艺由盛至衰、传承空间的有限、艺术的曲高和寡，都是何华一近年不得不面对的现实。

女儿何素梅在 2001 年竹工艺厂改制时外出打拼，从创办"竹艺轩"到成立公司、创建这间陈列馆、启动多个省内外项目，她用 20 年的努力试图解答竹工艺如何更现代化和市场化的问题，而答案显然不囿于江安。

早在何华一以竹装修打开新局面的 20 世纪 80 年代，唐洪畴已先一步走出了江安。

20 世纪 80 年代，国内首个以科学技术促进农村经济发展的计划"星火计划"正式实施，唐洪畴乘着这股东风，1989 年从江安前往江西省井冈山革命老区，协助当地政府开发利用竹资源。此后唐家人奔波于各地竹乡，还参与筹建了广东肇庆广宁的竹文化博物馆。

大小不一、各种型号的刻刀，是江安竹簧手艺人家中最多的物件。

手艺人以刀代笔，堆雕、浮雕、镶嵌、皮雕、镂空……用繁复的技法在簧片上"描绘"出一个活灵活现的世界。

唐洪畴在外打拼的那几年，恰是江安竹工艺和传统行业逐渐受到塑料等替代品和市场经济冲击的年代。"我爱人师从致和派的邹海云，擅镂空雕刻，大家在意派系传承，但也知道竹簧工艺真正发展不靠派系，而是靠思维和创新。"唐洪畴认为竹子到处都有，每个地方都能试验。在广宁的竹文化博物馆里，唐洪畴设计制作了不少特型的竹工艺品，如巨型竹箸、全竹长卷画等。

在江安竹工艺群体中，唐洪畴是个异类。他没有拜师，却在1985年设计出了"曲竹家具"，并在"星火计划"中获奖，由此开启了他创新开发竹制品之路。近年回到江安后，唐家人仍在从事竹工艺与竹文化的研究。唐洪畴家里也有多年前夫人、儿子和他雕刻的竹簧工艺品，但更吸引人的是一些奇奇怪怪的试验品，比如内外完全反过来的一只竹筒。

"不为什么，我就是想把它反过来试，"唐洪畴的回应很任性，"我就是对尝试做新东西有强烈的狂热。"

以天然竹材，经纯物理方式处理成轻薄的竹纸，这本是四川夹江、浙江富阳的传统

唐洪畴是江安竹簧的市级非遗传承人，20世纪80年代，乘着"星火计划"的东风，他作为专家前往井冈山协助当地开发竹资源，成为最早一批走出江安的竹簧艺人。

竹艺，不见于江安。唐洪畴硬是花了三十年，寻找竹子刚性与柔性之间的临界点，做出竹纸并将其厚度挑战到0.18毫米。2008年，他与《东莞时报》合作了纪念竹报，让更多人见识到鲜活灵动的竹文化。

在从小随父亲走出江安的儿子唐皓启眼中，父亲是个怪人，不想做大师，不信竹公神像。"过去这些贴竹簧的竹筒是帽筒，现在谁还会戴官帽呢？"唐皓启说。1982年出生的他放弃了前往大学雕塑系学习的机会，如父亲那样做着竹子的试验，技与艺之间的探索。家在江安，世界在外面。"此皆数十年之内所纠合四方之精锐，非一州之所有，"唐皓启说起《后出师表》，"你看文艺复兴时期的达·芬奇还曾设计飞机，各种才艺，没去定义他自己。"

散点式的家族还在延续着关于竹子的故事。在一种衰落的传统中活下来的，多多少少都带着一种另类的风骨，各有各的明亮开阔。

风浪
以竹为生的历史中最无法预测的年代

走在江安县城，它的安逸节奏如舒缓时的长江。城与竹子的深切关联，散见于道路和现代楼盘的命名，很难再像水码头时代那样能一眼识别。县城中的竹木市场十分萧条，走到靠近江边的老商业区，才能在修鞋匠坐着的老竹椅子或旧桥栏杆上的竹叶图案上，找到传统竹产业的余韵。

但有个地方，戏剧性地收藏着江安竹工艺的辉煌记忆。

距周波的店铺不足一千米，是汪明树的"藏宝点"，曾由曹禺题词的"竹林苑"挂匾藏身其中。三四十年代前，许多名人领导都曾在挂匾下留影，竹工艺衰落时，挂匾连同产品、厂房迅速贬值，而汪明树把当年一文不值的挂匾抱回了家。

汪明树曾是竹筷厂的工人，现为江安竹簧收藏家。他一直珍藏着1986年进入竹筷厂时的录取通知书。那年他16岁，意气风发，江安竹工艺也正处于高峰点。此后他和很多江安人一起见证了竹工艺的兴盛、艰难与衰落。汪明树比大多数人更执着，他极尽所能保护了陆续倒闭的厂子所抛弃的一切。目测五六十平方米的收藏馆，塞满了当年他从旧仓库里低价买来、捡回的旧产品，从小孩玩的竹拨浪鼓到江安人家日用的牙签盒、茶叶盒，还有彼时就价值不菲、作为高端礼品的精致竹簧艺术品。

一副竹雕大扇面让过道显得十分狭窄，下方刻着雕刻师傅的名字。"他本人不想要了，"汪明树说，"我很喜欢。"老师傅们早就不记得了的厂里比赛的证书，他也留着。汪明树抢救回来的一些半成品，三十年前未上漆就滞销了，仍保留着当年的青涩原貌。其实竹子砍下来就没生命了，但这里的一切仿佛沉睡着，还在呼吸。

"就是一个收垃圾的人，"汪明树说当时自己收藏竹簧制品的初衷，既有对好东西的直觉，也是对一种感情的执着。总之，众人不要的"垃圾"是他的宝贝。

至今，他仍觉得这些三十多年前的竹工艺品造型流畅，有可能在当下精加工成如情侣筷、家庭筷等套装礼品，变成可批量生产的地

图为唐洪畴制作的竹书，竹纸轻薄带有淡淡竹香，装帧古朴淡雅。从纸张制作，到印刷所用的雕版，都由唐洪畴自己探索完成。

上四图为 20 世纪八九十年代，江安竹簧厂生产的竹木家具。

方文创。汪明树心里一直有一个"梦"，他希望在江安新规划的西街景区开家旧物陈列馆，让这些属于上个时代的东西再次拥抱大众。

2005 年，江安竹簧工艺入选省级非物质文化遗产项目，2008 年又入选首批国家级非物质文化遗产项目，此时距离汪明树把"垃圾堆"里的"竹林苑"挂匾搬回家，已有二十多年。"有人慢慢理解我了，"汪明树说，"也有人现在都不理解。"

"'非遗'还有一种理解——'非常遗憾'。"唐皓宇惋惜地说起很多传统行业到了要国家保护的地步。何华一也在多次采访中反复遗憾地说着，江安竹工艺早已衰落，且还在衰落。

不过竹子的活力与生命，在现代江安以另外的方式延续着。

从县城走三四千米就能到河中坝，这个形似牛角、常年种植蔬菜的长江孤岛在 2018 年被改造为"长江竹岛"。观景平台上的原竹建筑选用了现代极简风格，有老人在那里拉着手风琴唱《长江之歌》，外地客人能在此见识国内外的 420 余种珍稀竹种，走在竹海中恍若画中游。从孤岛到"长江竹岛"，这个绿色生态公园融入了江安人的现代生活，也承担了长江上游绿色生态屏障责任。

这当然意味着一种天然风韵的逝去，却也是大势所趋。20 世纪七八十年代的游客到江安，满足于竹簧工艺品一条街，而现在坐拥漫山傲骨竹子的百竹海等现代景区，不仅要以"全竹宴"来留住人的胃，还要打

造各类竹文化博览馆、影视基地来拓展游客体验。江安的现代竹经济，以竹浆粕、竹纤维、竹家具、竹食品等渗透进江安的一、二、三产业。江安人与竹子的关系，从日常感性的以竹为生，转向快速迭代的现代社会里做"竹"可能。

放眼四川这一竹资源大省，各地竹主题公园数不胜数，竹艺村、竹基因库等旗号争先恐后地落户蜀地各处，都在打突围战。在全球网民都能用 ipanda 频道在线上观看四川熊猫的时代里，蜀南的竹海里也开始举办全国热气球锦标赛，尝试滑翔伞运动——这是江安以竹为生的历史中，最有戏剧性也最无法预测的年代了。

江安竹簧曾牵起江边竹海的一时风潮，也在近半个多世纪踌躇于现代探索与转型。从 20 世纪竹工艺国营厂的辉煌，到如今星火散落的家族工艺坊，难以适应多变的现代市场，也与抖音、电商等时代热词保持距离。幸存者或守持传统，或超然游走在传统竹工艺之上或之外，都还做着关于竹子的梦，琢磨着人与竹的心性关联。

告别江安时，何华一戴着眼镜，正为将来的竹文化展馆绘制着图纸。

"你最喜欢竹子的什么呢？"我问。

"我喜欢竹子的所有。"他答。

何华一说起以前去竹海砍竹，砍刀敲击时有类似敲击钢铁般声音的，才是经得起时间考验的好竹子。如今竹海仍在涌动，江安竹簧还能经受多少时间的考验？余波隐在其间。

步入 21 世纪后,以竹簧为核心的传统竹产业不复早日荣光,江安人开始谋求新的发展。青翠广袤的竹海被打造为现代化景区,一座座竹文化场馆拔地而起,一个现代多元化的竹都江安正在兴起。摄影 / 刘建雄

一城居民半茶客

摄影／邹璧宇 等
撰文／王静

　　冬日里，天刚蒙蒙亮，江安茶馆的堂倌们已经在忙着了，随口招呼着"早"，几乎天天见的老茶客刚坐下，盖碗便摆在桌子上了。都是老茶客，谁喝什么茶，不用多问，添茶、加水、提暖瓶，开启自助模式就可以了。靠着椅子，一杆烟、一杯茶，一坐就是一整天。

　　人们在茶馆会朋友，获取信息，也在这里做生意，茶馆也因此衍生出丰富的形态，比如与杂货店、饭馆的结合，与说书、唱戏等艺术形式的结合。没有任何一个公共空间像茶馆那样，与人们的日常生活如此密切相连，它就像是个微观世界，折射出大千世界的丰富多彩、变化多端，成为一座城市及其居民生活方式的真实写照。

"守旧"的老街茶馆主要在下长、安乐、红桥等古镇上,年代久远,有自己的固定茶客,多是老年人。茶馆的烟味很重,茶钱相对便宜,一两元一碗。

老街的茶馆主人、堂倌以及茶客,有意无意地、默契地创造出一种宾至如归的气氛。熟客进门,不用多问,老座位、老茶叶,人刚坐下,泡好的盖碗茶已经放上桌了。很多茶客习惯不吃早饭先吃茶,不想回家吃了,就喊一声过路的小贩,将早点端进来。餐食都是四川人早上常吃的汤圆、醪糟蛋、锅盔、黄粑、抄手、红油面。人不离桌椅,早餐已经下肚了。有些要回家吃饭的,告诉堂倌不要收茶碗,吃了饭就回来。堂倌应一声"要的",从不做脸做色。等他回来,茶还在桌子上。这种普通人最日常的活法儿,也已经成为江安的文化风景。

摄影/张律堂

摄影/张律堂

摄影 / 张律堂

江安及其附近的很多区县都产茶，为茶馆提供了茶叶来源。红桥镇梅岭山上盛产的梅桥茶叶，宋代已很有名气，黄庭坚在《煎茶赋》中曾倍加赞赏。梅岭茶，在川南一带都是茶界翘楚。江安人现在常饮的茶有香片、红白茶、普洱茶砖、绿茶、沱茶。香片是四川人最爱喝的茉莉花茶，那缕飘在水里的香，最是让人惦念。江安人习惯把绿茶叫青茶，以前用盖碗，现在都是用大玻璃杯泡。因离云南不远，近年不少云南茶商来到江安，也把更耐泡、更"提劲"（四川方言，近似振奋人心）的沱茶、普洱茶带到了这里。

打工潮兴起后,年轻人外出务工,留在农村的多是上了年纪的老年人。他们依然下田耕作,休息的时候还是选择和亲朋好友喝茶消闲。如今在下长古镇栽植烟叶的老年人,每逢集镇赶场,头天就会将自家种的叶子烟层层裹好,第二天等齐聚茶堂时,将烟叶赠与他人品尝。盖碗、铜壶、土灶、竹靠椅,喧闹的聊天声、麻将碰撞的声音……一如旧时模样。

江边坝坝茶，是江安茶馆中最鲜活的形式。坝坝茶流动性强，太阳出来就是旺季，阴天就是淡季，江安县城滨江路沿线的竹岛、卧佛寺附近尤其多。不过有太阳的时候，无论是谁，只要带上自己的茶坐在江边，一个江安人就是一间茶馆。

在江安，人们以自己是"资格茶客"而自豪。这个"资格"是四川话，资深、专业的意思。江安的资格茶客，不是指清高、雅致、上等，而是光顾得很勤、不赊欠、不添麻烦。无论茶馆堂皇还是脏乱，热闹还是冷静，资格茶客们一样进出，毫不拘泥。

四川人骨子里都朴素恬淡，闲散惯了，很多事情都不在乎，江安人更是如此。他们对自己营造的悠哉乐哉的生活气氛颇为得意，只要有时间，人们总是会到茶馆来，喝茶、聊天、打牌、下棋，享受着自在的光阴。

摄影/张律堂

近百年来,时代巨变,江安的茶馆在功能上也有所演变,但它的基本形式仍然保留下来。时代走得越快,茶馆反而越慢越悠长。

依然是不怎么高的屋檐,不怎么白的墙壁,不怎么粗的柱子,不怎么亮的灯。方桌、竹椅、铜壶、盖碗,从早到晚,椅子上都坐着人,各人面前放一盏盖碗茶,自得其乐。这碗茶,走过时间和空间,长留于江安。

风

风,看看长江;红桥古镇有全四川最软糯的猪儿粑,梅岭山上的梅岭茶,在《茶经》中都有记载;江安古镇最像乌托邦、城中城的古旧梦境,新与旧相安无事。古镇里的老人开口就是故事,往事和旧人,细节都记得清楚。总到那个码头去,总在那几间茶铺坐着,总要抽自己卷的烟叶子,总喝那一种茶,总吃那家的酱油和黄粑……风俗和习惯就这么延续下来,哪怕被下一代人嘲讽「老土」「冥顽不灵」,依然顽固地保持着。若干年后,这批有故事的人会带着记忆,像江水一样流走。留千年江安古县,世代守护和回望这片土地。

安乐
井口
下长
江安
红桥

江边古镇 故人旧梦

撰文 王静
摄影 刘建雄 等
插画 刘昊冰

在一个地方待久了，那个地方的气息和韵味会渗透进入体内，慢慢活在人身上，人和环境会融为一体。在江边，融为河床；在山脚，长成树木；在树下，成为落叶，古意就这么出来了。

江安这两个字，千年未变，时间和这座城，像长江水一样，缓慢流向"下游"。长江水不休，穿境而过，古城活了1600余年，装着旧时秘密和现代人的心事。古城的角角落落都藏着时间，有些随着江水和风飘走了；有些散落在山川、寺庙、码头、街巷和民居里，等到足够久，人们会给它们加上前缀"古"，古井、古街、古民居、古寺，还有些落在人的头上，成了活着的"记忆"。

风月同天，山川异域，水土和四时风物也尽有不同，江安每个古镇都养出了自己的个性和底色。老人们最清楚不过了，要赶就赶安乐古镇的场，热闹好似旧时；井口古镇有明清的老街和古码头，还有横渡留存；可以到下长古镇喝一杯茶，然后到二码头去吹吹

摄影/张律堂

安乐古镇

赶场赶了半辈子

在四川,"赶场"是句乡下土话,就是赶集的意思。这在乡下是件大事,前一天想好第二天赶哪儿的场,隔天一大早就得起来。赶场的时间一般从早上到午后,下午两三点就散尽了,赶不上可就得再等一轮儿了。

安乐古镇的场,旧时就有,远近闻名,以前是逢农历三六九,如今改成了公历。为了赶上九号的安乐场,我们摸黑起了床,沿路已有不少背着背篓、挽着提篮的婆婆、大娘。

人生地不熟,听说地图上找"木头灘"就能到。这是安乐的旧名,据老人们讲,以前每次发水,场后的溪沟里会冲出很多乌木,整个集镇像是建在乌木之上,所以叫木头灘。

古镇以街代市,临街的各类小店铺和街沿上的地摊杂错相拥。早上七点左右,赶场的人已陆续从周边村镇赶了过来。都是带着家伙要选到自己口粮的,以满足乡下人过日子的刚需。商贩和乡民挤在一起,买卖蔬菜瓜果、肉禽鱼蛋、糕点小吃还有各类生活用品,讨价还价声、鸡鸭鹅的叫唤,像一个流动的农贸市场。

不只江安各乡镇的人,周边南溪区、富顺县、长宁县的人都会来,闲逛的人也多,玩乐、瞧热闹、吃茶,人堆里挤挤都高兴。茶铺早就开了,不算长的街上,有大约八九家。人们一大早就开始泡茶馆了,一元钱一杯,摆龙门阵吹牛,能摆到大下午。想找村

↑ 每逢公历三、六、九是安乐古镇的"赶场"日，也是安乐最为热闹的日子。天刚微亮，古镇街巷已熙熙攘攘，讨价还价声此起彼伏。摄影 / 邹壁宇

↓ 赶场时，周边农户们会将自家种的蔬果挑至古镇，摆在街边空地上售卖。摄影 / 邹壁宇

↑ 安乐人喜欢"坐"茶馆,一条街上有八九家。无论是否是赶场日,茶馆总是座无虚席,一杯盖碗茶一至两元,人们常常一坐就是半天。摄影/邹璧宇

↓ 银氏酱油作坊是安乐古镇的百年老字号,其生产的双花酱油是古镇人熟悉的地道家乡味道。摄影/冯大伟

子里的人，八成都在这街上，不是在买东西，就是在哪个茶馆里闷着呢。算命的、剃头的大爷也来了，彼此之间好像都相熟，多年的默契和约定，到了日子谁都不会爽约。是赶场，也是老伙计们的约会。

"我们祖上几代都是安乐人，我祖父是教书先生，父亲以前是舵把子，袍哥人家。我两三岁就在这条街上跳，到处耍，喜欢热闹。"1951年，老支书刘先民就出生在场镇上，和很多人一样，大半辈子都在场镇活动，这里是他们玩乐的场所，也是接触外界的窗口。集市上的迎神赛会、庙会、表演、戏剧以及来来往往的人，潜移默化地影响着他们的心灵和行为方式。

"我从小喜欢和老同志喝茶，爱在茶坊听他们摆历史。据我所知，这条街热闹一百多年了。过去，安乐有九宫十八庙，南华宫、万寿宫、禹阳宫、川祖庙、观音寺，庙的朝向都不一样，朝拜的人非常多。"刘先民回忆着说，最热闹的时候，安乐有18家饭馆，20多家铺面，卖黄粑、叶儿粑的都有三四十个。卖肉、蔬菜、小吃的，拉二胡、打金钱板、打莲花落的，还有算命的先生、剃头的大爷，街上总是摩肩接踵。乡政府、学校、供销社、酒厂、油厂、酱油厂都在这条街上，商业、农业、小手工业十分兴旺发达。

安乐一直"安乐"，很大一部分得益于地利。古镇坐落于长江河畔，位于南溪区与江安县的几何中心点，沿安乐主街出去就是以前的水码头，水陆交通都很便利。附近中坝、古县坝盛产的甘蔗、花生、叶烟、油菜、柑橘等经济作物及各类蔬菜，安乐酿制的酱油、白酒与赶场山大白李做的蜜饯等众多周边乡镇的货物都在安乐集散，沿江行销各地。

旧时，涨水天就是古镇的旺季。船从江安、南溪等上游来，盐船、煤炭船、装牲口和蔬菜的船，大多要在安乐歇脚，然后去往重庆、武汉。最多的时候，水码头每天停靠着三四十只船，每条船上七八十个人，安乐天天都是赶场日。20世纪60年代后，陆路交通发展迅速，水上运输渐渐衰落，安乐也慢慢失去了早年的繁华。

如今古码头种满了油菜花，古镇的石板路变成了水泥路，酱油厂成了整条街上最老的店铺，吃银家酱油的人也跟着它一起变老了。唯一不变的是赶场，百年来无论时局安定还是动荡，这最有流动性的约会却在安乐保留下来，成为乡里乡亲物质生活和精神生活的寄托。

井口古镇

船在哪儿,家就在哪儿

四川人习惯把盐叫"盐巴",把生计叫"活路"。

北宋时期开始,南井盐水熬制成的块状食盐,沿溪水至长江运往各地。井口,因是南井盐入长江的必经之地,本地人称为"南井之口",故而得名。盐巴是井口人的活路,长江水道也是井口人的活路。

那个时候,活路是天给的,仰仗当地的地理环境,有活路就有奔头,不提艰辛和难处。后来,南井不产盐了,陆路通了、水路慢了,水码头的货运停了,这两条活路也就断了。

断了,就停在那儿了,等历史一层一层、一年一年覆盖。如今在井口,靠江吃江的人不多了,四哥算一个。四哥本名叫宋洪银,当地人都叫他四哥。他有条客船:川江安客0027号,从井口到江对面的江渔沱,这是江安县长江边仅剩的几条横渡轮渡船了。四哥不是井口人,1984年开始跑船,江安县的码头早就跑遍了。1995年,跟着单位来到井口镇。2004年,铁船换成了机械船。又过了几年,单位解散,他凑了点钱,自己承包了一艘船。

船最多能坐60人,航线固定,只能到对面的江渔沱,全年不休。早上如果没有雾,7:30开第一趟船,5:30最后一班,一共八趟,一次三元。每趟来回大概20分钟,到对岸接了人,马上就回来。每天的最后一班

↑ 宋洪银承包的井口轮渡船，是江安境内仅存的几条横渡客轮之一。摄影/邹壁宇

↓ 客轮往返于井口古镇与阳春镇之间，一天八趟，准时发船，方便沿江农户日常出行、赶场。摄影/邹壁宇

井口古镇俯瞰图。古镇临江依山而建，被现代楼房环抱其中，新与旧在这里交错相融。

↑ 井口古镇的老街始建于明永乐年间，长七八百米，与江边水码头相连，至今仍保有几分旧时模样。

↓ 老街的生活宁静而缓慢。老人守着自己的杂货铺，在与街坊们攀谈间，度过老街的一天。摄影 / 张律堂

经常要返航，刚刚开走，有人在岸上大喊，边喊边跑，四哥不忍心，又掉头回去接，边接边念叨，"早点过来嘛。"总之，特殊情况特殊对待，有急事的，可以给四哥打电话，补点油钱，也能过江。

四哥的船还有四年的正常服役期，相比之前，坐船的人少了，但还是有需求。江对岸的柑橘、蔬菜运过来卖，人要来镇子上办点事，坐船直线距离近，也方便得多。这几年总有消息，说要把横渡停掉，四哥听说，上游有个码头的横渡停了，补偿了一些钱。"也不知道什么时候停，反正喊我停，我就停了。"

他开始算起了账："今年亏了两三万，我们两夫妇都有驾驶证，我还请了个工人，加上保险费用，油得节约着烧，维修船有时就自己来，往往一年下来，赚得也不是太多。"

去年船停了半年时间，他玩了半年，生活都没有着落。船家人有个习惯，家就安在江边，便于出行。四哥租的房子就在井口码头岸边，紧邻毗卢寺，他指着房子笑称那是他的公馆。

索性，船也是家。船在哪儿，家就在哪儿。四哥的船上有间小屋子，累了他就在屋子里睡觉，船尾挂着腊肉和鸭子。四川人，委屈了什么都不能委屈了自己的胃。眼下要过年了，四哥趁着停靠码头的时间，抓紧把他的船重新粉刷一次。相熟的人拿他打趣，"四哥是个讲究人。"他笑道："就和自己的屋子一样，过年嘛，咋都得收拾收拾。"

下午收工前，一条大船就刷得像要过年的样子了。多跑一天是一天，暂时他也顾不上关心停航通知什么时候来了。眼下他最担心的是，有人提大件物品上船，把他新刷的漆蹭掉，弄脏了新船。

北岛的诗里说，"如果你是条船，漂泊就是你的命运，可别靠岸。"四哥在船上三十多年了，慢慢地把自己活成了一条船。井口古镇，停留着很多这样的"船"，让这里充满了平凡的诗意。

下长古镇

还有一位老船长

在江安的古镇中，下长古镇很"时髦"，是一个"老有所安"的古镇。这里有江安镇最多的老茶馆，每一家都很热闹，老人们围着一张桌子说说笑笑，聊着闲天顺便做着手工编织的活儿。

许是在江边，交通便利，对外交流多，包容性强，下长的老人们见识过"风浪"，乐于表达和思考，思维开阔，老人不"老"。"不一定有文凭就有文化，不一定有文化就有文明。"73岁的樊成明站在二码头跟我们分享他的经验。他所站的地方，正是他年轻时无数次出发又归来的码头。

二码头在下长镇最北部，毗邻长江，承载着客运、货运两种运输业务，曾是下长镇重要的水上交通要道。如今水运衰落，二码头也已经荒废，只能从老人的叙述中一窥早年繁华。

樊成明曾是下长镇船运公司的领江，20多岁开始跑船，50多岁退休。领江是在江河上引导船舶航行的专职人员，责任重大。几十年间，樊成明开着农户船，往来于宜宾与泸州之间，运输肥料、蔬菜及日用品，互通有无。

这么多年，他就住在江边，方便跑船。一年四季没有休假期，只要有货，就得跑。回忆起自己这些年在江上遇到的危险和风浪，樊成明形容："恶，有时江恶得很。"涨水天，水往礁石的方向冲，领江稍微不注

多年江上风浪锤炼,樊成明养成了一身老船长的风范,虽年过七旬,脊背依旧挺拔,现在的他有时间就会去早年工作过的二码头转转。摄影/邹壁宇

意,没有及时调头,船就会撞在礁石上,非常危险。他的船也曾经被打烂过,那次船上装了三万多斤红糖,要把船开出去,将货物转到重庆烟酒公司的船上。转运时,因为搭档是个新人,刚加入团队,对船还不熟悉,结果遇到了触礁事故,损失了几千斤红糖,幸而没有人员伤亡。

在长江上"讨生活"就是这样,长江给你便利,也给你制造麻烦和警示。历经多年风浪锤炼,樊成明处事淡然而乐观,谈及多年的老伙计们,他陷入一种怅然的回忆中:"我们的航线是固定的,比如我的执照,只能是宜宾到泸州,有时候我也可以去重庆,需要请一个有重庆航线执照的领江。到了重庆,我们几个伙计会轮流下去耍一耍,吃吃火锅。那个时候跑船辛苦,雨棚是用叶子和篾条架起来的,船上风大雨大,经常浑身湿透,晚上就这么睡了。所以跑船的人风湿病很多。纤夫才苦啊,拉船拉久了的人,走路都是向前坠着的,习惯了,直不起背来了。"

百尺竿头站脚,千层浪里翻身,船上混了半辈子,养成了老船长的范儿。冬天风很大的长江边,他能站一个多小时,抽着自己的卷烟,泰然自若地给冻得发抖的年轻人讲故事,乐观风趣。"抽烟叶子很好的,土烟含天然尼古丁,生了疮,用烟叶子抹可以缓解;如果遇到蚂蟥,可以用烟叶子驱赶,毒素不容易侵袭,这可是我们多年的武器。"

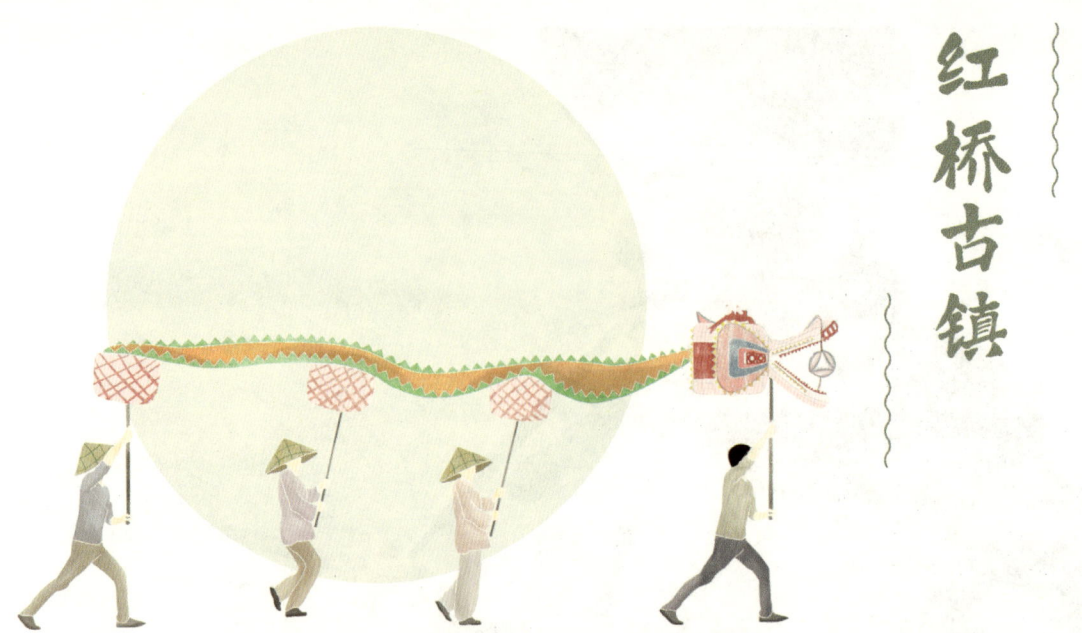

红桥古镇

桨声灯影里的年少时光

"今年红桥元宵节不烧龙灯了，不知道以后还会不会搞了。"

"嗯，还是有一些遗憾，那是我当娃儿的时候，最美好的记忆。"

春节将至，出于安全考虑，2020年红桥镇取消了元宵节烧龙灯的文化活动。几个年长的红桥人围坐在杜仲明老人的家中，烤着火盆，一起回忆过去的红桥往事和年俗记忆。

红桥镇地处江安、兴文、长宁三县交界，淯江穿镇而过汇入长江。明末清初，红桥仍叫作梅岭堡，众多湖广移民落户于此，人口的大幅增长，加之本地煤的采掘及石灰烧制等渐渐兴起，促进了本地经济与文化的繁荣。商贾聚集而来，在淯江沿岸建起了商贸街道，水上运输也逐步发展起来。由于最初都是木船，刚开拓的淯江航道险滩礁石多，触礁翻船事故频发。

跑船出江的人，走的是苦路。当地人有很多怨言："挖窑的埋了还没死，驾船的死了都没有埋。"

也许是乡民的朴素愿望，三百多年前，为了消灾除晦，船帮在元宵节祭祀神灵祈求保护。中国古代的传说中，龙能翻江倒海，引发灾难，也能呼风唤雨，保佑五谷丰登。于是船帮就改成在元宵节耍龙灯来祭祀神灵。

最开始耍龙灯由船帮组织，每年农历正月十二出龙，耍到农历正月十五。之后把龙灯拿到河滩上烧掉，意思是龙已经驯服了，放入河中，便可保以后的行船平安。被水患折磨的江边人，用这样的方式在一年初始，祈祷平安顺遂。

后来陆上交通发展，船的速度就慢了。四五吨的货物，汽车一天可以跑两个来回，

为了祛除霉气，红桥人耍龙灯时，会向龙身及舞龙人身上泼铁水、燃放爆竹，龙灯舞起来时便如同一条火龙在翻腾。

船运至少四五天，江上运输就此衰退。人们对江的惧怕和依赖也随之减弱，耍龙灯从旧时消灾辟邪式的诉求，衍变为祈祷祝福的民俗。

老人们的回忆里，红桥的耍龙灯分为火龙和彩龙，最初都用纸扎成，后来也传入了重庆一些地方的草龙工艺。纸龙由竹篾条扎成龙的骨和形，然后糊上纸片，喷上矾水，加颜色，最后泼铁水，烧烟火。一条龙还会搭配着蚌壳、虾、乌龟、鱼、元宝和灯笼一起耍。龙灯的节数也有讲究，七节、九节、十三节和十五节，不同的节数代表着不同的象征和寓意，也有满满的祝福和彩头在里面。

烧龙灯习俗一直沿袭到现在，成为每年红桥春节闹元宵的一大热闹景观。除了江安人，宜宾、泸州、自贡、长宁、兴文等周边县市的人也会来红桥看烧龙灯。在红桥老人们的记忆中，烧龙灯是童年时代最爱凑的热闹，也是只有红桥孩子才有的快乐。他们神色骄傲地说："不夸张地说，那三天晚上，红桥是万人空巷。最多的时候，有十多条龙，大家都朝着火龙跑，去看民间手艺人泼铁水，看烟花。每年都看，每年都看不厌，每年都有盼头。"

暂时不烧龙灯了，并不代表着一个传统民俗的消亡，它还在很多红桥人的记忆和口述里。岁岁长长，只要还有年，还有记忆能传承下来，红桥人的元宵节就是"火红色"的。

江安县内不少乡镇都有耍龙灯祭祀龙神的民俗，各地龙灯虽样式不一，但都寄托着乡民们对未来的憧憬。

江安古镇

新城里装着"老灵魂"

江安镇地处江安县城，是江安县政治、经济、文化和商业中心，在江安县全境乃至川南，这里都算得上是现代理想小城生活的范本。居于长江之滨、南屏山麓，气候温润宜人，有山有江，不少文人墨客在此留下墨宝，人文底蕴厚实。新城区时尚有序，年轻人在这里搞戏剧、在大街小巷开个性潮流的店铺，洋溢着现代的活力与艺术气息，而镇中保存尚好的老城区——旧时的江安古城，则延续着江安的底色和气脉。

江安古城像个时尚的"旧人"，距今已有1600多年的历史。古城旧时占地100多亩，1953年因修建滨江路，城墙及老城门先后被拆除，现今仅有十字街及些许老屋子留存，诉说着江安镇的古老故事。以新修建的东街、西街、南街、北街仿古街道为核心区域的"新"古城，老人和年轻人都喜欢来，因有旧时面貌，适合放空和怀念，也可以寻访到古早的美食和人文。老人们还是更习惯来古城消遣，你问他江安最好喝的奶茶和最红的炸鸡店在哪里，他们答不上来。他们脑子里装的是旧时的江安城，"你要听我讲江安的老故事，告诉你，三天三夜都讲不完。"他们身上，有这个城市的来时路。

1933年出生的朱乾刚，是土生土长的江安人，虽然眼睛看不见了，但身体很硬朗，思维清晰。眼睛好的时候，他几乎每天都会到江边睡佛寺喝碗盖碗茶，然后和老朋友们

↑ 旧时江安镇古街。

↓ 临江园码头，从江安古镇到对岸桐梓镇（今阳春镇）的横渡、长途客轮曾均在此停靠，现下已不再承载货运、客运。

↑ 夕阳下，人们在江边悠闲垂钓。这幅怡然自得的图景，将随着长江禁渔政策的逐步推行，在江安慢慢消失。
摄影 / 蔡磊

↓ 长江里挟顺流而下的石头，经长期水冲沙磨，形成了造型、色彩、花纹各异的"奇石"。江安人收藏、把玩奇石的爱好由来已久，"江安奇石"也早已成为当地独特物产。摄影 / 袁玲

"扯把子"（四川土话，意思是谈天说地、吹牛开玩笑）。现在他眼睛看不见了，朋友们还是会常常接他到茶馆,听他讲历史故事。

从民国时期、中华人民共和国成立、改革开放到今天，朱乾刚活了八十多年，他脑海里有江安从古至今的文化历史、名人故事和风土人情，是一本活的《江安县志》。关于江安，几乎没有他的盲区，每一条街道、每一个店铺，他都能讲出其历史典故并无限发散和扩展出去，旧时的痕迹就在他这儿复盘和鲜活起来。

听了他的指引，再去老城里走街串巷，就像是去见你熟悉的人。西正街、桂花街、水沟头、桂香街、水井街、白马街、东外街、鱼鼻沟街……你知道了这些老石板路的过去，又能看到它的当下。累了，就去西街的茶馆里，点一杯茶，只要开口提问就好，喝茶的老人们会一点一点将江安古城的故事讲给你听。

"旧时的柴家渡是个渡口，从江安到长宁，必须经过这个渡口，那个时候没有桥也没有公路，镇上一部分人以渡船为生。还有一些人，在河边捡货船漏下来的煤渣，也可以活。以前西街上的人吃水，要到柴家渡的井里去挑，水质非常好，可以点豆花。

"那个时候我十多岁，国立剧专的票非常紧张，来看戏的人很多，外地人也会来。那个时候江安培养了很多戏剧学员。之后，他们回到自己的家乡，创作了很多作品。

"老茶馆，有盖碗茶的那种，很多不在正街上了，在小巷子里，你要去找。以前广场新街有三四十家茶馆，我们老年人都爱在那里吃茶。北街那里有个六合茶馆，是以前达官贵人最常去的地方。"

今天江安县城的很多人还延续着老习惯，早上起来去喝茶，喝完再回去吃早饭，之后有工作的人去工作，没有工作的人，就和同一批人继续"扯把子"，然后喝中午茶、下午茶。而他们的儿孙，会在下班后看电影、去酒吧或去唱歌，但彼此之间不冲突。古老的江安、新生的江安，在这里相互交融，走在它自己的路上，不急不缓。

不同于江南水乡古镇的温柔精致，江安的古镇朴拙又洒脱，洋溢着四川独有的烟火气。

摄影 / 张律堂

地道风物

得益于温润的气候与沃腴的土地，江安自古"蚕桑鱼盐家有焉"，出产的优质蔬果稻谷远近闻名；旧时商贸水码头川流不息，天南地北的味道随南来北往的客商落于江安，令小镇中的各式小吃琳琅满目、各具特色，每一样物产美食都隐藏着江安的味蕾记忆。

江安，被橙色点亮的一座城
江安大白李，青果压枝沁心脾
猪儿粑，红桥人的身份记忆
安乐双绝，江边的恋恋乡情
烧腊，小摊上的家常滋味
江安的美食"江湖"

江安，
被橙色点亮的一座城

撰文
孔雪

"一年好景君须记，正是橙黄橘绿时。"苏东坡用这句诗写宋时残秋的黄绿果色。按祖籍，苏东坡是四川眉山人，但如今的四川人读这诗可能会错认季节。国内常将橙、橘、柑等统称为柑橘，这种在中国栽培面积最大、消费量最大的水果，早已实现全年供应。江安人尤其清楚这一点——如今全国四季皆有好柑橘的起点，正是江安夏橙。

这座长江边上的小城总是少见太阳，水汽氤氲，一切被笼罩在朦朦胧胧的雾气中，明亮的橙色便成了这里扎眼的亮色。即便是在冬天来到江安，你也能在大街小巷见到拎着几只橙子的路人，华盛顿脐橙、塔罗科血橙如约点亮秋冬季的橙色；走出县城去村里看看，漫山遍野还在挂果期的青见、春见正在越冬，这两种杂交柑橘即将点亮江安的春夏季——欢迎来到这座由橙色点亮的小城。

错峰带来的夏橙热

1938年夏，即将从美留学归国的张文湘，心思紧张。抗战全面爆发，中国枪炮声不断。战乱时分，他一位四川大学的老师，要把三棵柑橘小枝条带回故乡。

在1936年前往美国加州大学攻读果艺专业之前，张文湘自国立东南大学园艺专业毕业，先后在国立成都大学、四川大学任教。彼时美国正鼓励西部大开发，加州大学培育的果木源源不断地输向西部的农场，这其中就有张文湘在国内从未见过的夏季上市、年产量达700万吨的夏橙。临近回国，他特意购买了夏橙、脐橙、血橙三种果树苗，这是夏橙远渡回国的开始。

为应对美国对中国实行的技术禁运，张文湘在一周内赶写出了一本厚厚的日记，将三枝两寸长的枝条嵌入日记本中。张文湘带着枝条坐轮船抵达香港后，再通过邮局辗转将枝条寄回成都。

战火年代，谁也无法预想，漂洋过海存活成功的柑橘苗会点燃怎样的星火。次年夏天，张文湘孤身一人从重庆出发，在战火纷飞中沿长江溯江而上，终于在江安二龙口（今江安县怡乐镇镇政府所在地）找到了气候、土壤和水质均适合夏橙、脐橙、血橙生长的地方。三株当时在中国独一无二的柑橘

江安夏橙,曾因成熟季在夏天而闻名全国,成就了江安"中国橙乡"的美名。如今,夏橙的概念已从一个单独品种,拓展为夏季成熟的晚熟柑橘的统称。
摄影/张律堂

苗，在江安开启了此后命运。三者中果型中大、外形美观、果肉嫩脆且汁多的晚熟新品种——夏橙尤其闪耀。

数年后，栽种着三株母树的江安大中坝果园，已经成为中国第一个夏橙母本园基地。1972 年，江安已有夏橙 10 余万株，1978 年被国家计委和外贸部确认为全国发展夏橙基地县后，夏橙栽种面积迅速扩张，1980 年已达 1.6 万亩，植株量达 126 万株。

20 世纪八九十年代的江安，无论平坝还是丘陵，家家户户栽种夏橙，星罗棋布一片橙海，是国内最大的夏橙种植基地。夏橙不仅成为江安出口创汇的水果，也使江安县被联合国粮农组织定为长江中上游水果开发重点县，及世界银行投资的长江上中游水果项目区。夏橙从江安逐步走向全国，填补鲜橙供应的夏季空白期，也作为高经济价值的柑橘珍品带动了多地经济。

而张文湘的命运在 20 世纪五六十年代饱受波折。先因留学后私自沿长江考察被误定罪名，被判入狱，"文革"时期又被下放到江安二龙口公社管理果园，直到 1983 年才恢复名誉与教授待遇。晚年的张文湘，真的看到了一幅青年时期待的"巴山处处橙香"的画面。

其实夏橙的原产地本在中国南方，15 世纪传入欧洲，后又传入美洲，却在中国没了影踪。兜兜转转，张文湘的晚年也如夏橙，重回江安，担任江安柑桔研究所的技术顾问，虽已年迈却依然参与夏橙的选种、育苗、品种改良等，他在不断探索后制定了 4 月 20 号之后采收的惯例。在完成《伏令夏橙》的撰写后，张文湘又开始做西园一号脐橙的培育试验，直至 1996 年去世。

今天，大中坝已不是曾经需要摆渡才能前往的江中小岛，几十年间，江安的柑橘品种不断优化，旧时枝繁叶茂的三株母树已然消逝，但大中坝仍是江安的柑橘种植基地。走在大中坝，各家院子的墙上时不时能见到原生态的农家广告：地上摆一个装满橙子的塑料盆，墙上白纸黑字，写的不是夏橙，而是"无核血，无核橙，不打蜡"。

"以今天的眼光看，江安夏橙适合搞加工做果汁。在 20 世纪能闯出名堂，主要是因为它是在 4、5 月份成熟，是反季节甜橙，那个时候全中国也没几种水果可以吃。"农业局专家苏有才说起江安夏橙一枝独秀的时代背景。20 世纪 80 年代，江安以夏橙为主，也有脐橙、红玉血橙，之后又引入了早熟的杂交品种爱媛 38、中晚熟的罗伯逊脐橙、晚熟的塔罗科血橙与杂交品种青见、春见。

尽管江安夏橙在 2011 年被评为全国农产品地理标志，但目前在江安境内种植比例已不大。苏有才介绍，如今"夏橙"的概念已拓展为"夏季之橙"，虽叫"橙"却泛指江安境内种植的塔罗科血橙、青见、春见等几种晚熟柑橘品种（柑橘类，10 月上旬成熟为早熟品种，11 月至 1 月为中熟，1 月后为晚熟），占江安柑橘的 80%，其中以塔罗科血橙种得最多。广告牌上的"无核血"，就是汁多味浓皮薄光滑的塔罗科血橙，这种原产意大利的晚熟甜橙于 20 世纪六七十年代引入国内后，因脆嫩多汁、甜酸适口、香气浓郁且耐贮藏，逐渐成为国内推广的优良橙类品种。无核橙则指与夏橙同时被引入江安、果顶部带脐的华盛顿脐橙。

↑ 张文湘教授被誉为"中国夏橙之父"。20世纪40年代,他在江安建立了全国第一个夏橙母本基地,改良培育出了江安夏橙。后江安夏橙广泛引种至重庆等地,成为全国四季皆有好柑橘的起点。供图/孙洪

↓ "花果同枝,二代同堂"是江安夏橙的一大特点。每年三至四月,橙黄色的果实挂满枝头,洁白如雪的橙花开得灿烂,不少游客慕名而至,赏花品果。供图/孙洪

橙花岛是双江村古贤坝的别名，盛产柑橘、烟叶。自2007年后，每年四月橙花岛都会举办"橙花节"，这是小岛最热闹的时候。摄影/邹璧宇

↑ 橙花岛是一座长江中的小洲，至今仍需轮渡才能抵达。因交通不便，柑橘难以大批量运出，岛上的柑橘产业发展缓慢。摄影 / 邹壁宇

↓ 橙花岛轮渡码头，一袋袋包装好的橙子在等待着被运往岛外的世界。
摄影 / 邹壁宇

年底，大中坝人正忙着采收全村1100亩左右的血橙与脐橙。一个人从清晨蒙蒙亮到下午能摘1000多斤。目前种植仍以散户为主，外出务工的人多起来后，村子里虽少有土地流转，但存在土地租用的情况，催生了一些种植大户。全村100多户组建了一家合作社，购买化肥更实惠，也方便联系超市和其他鲜果收购商。这两年，政府引导两个邮政代发点入村，散户各自用微信联系省内外的客户，通过邮政点寄送到各地。春节时一个邮政点一天可发一两千件；也有种植大户直供超市，一天有七八千斤的送货量。整个大中坝的年末，采收忙，发货也忙。

"矮的可以直接摘，高的需要爬树。"大中坝村村书记陈国彬说，采摘高手都是爬树高手，村里中年人从小就种橙子，长多大都觉得自己和树是亲近的。这让人想起布莱希特的一首诗《爬树》，"让树之于你如同树之于树梢：数百年来，每个黄昏，它都这样摇晃它。"

岛的踯躅，山的热闹

从大中坝离开时，再次经过这座2014年修好的大中坝大桥。随着大中坝所属的阳春镇连年举办"橙花节"，宜宾、泸州及周边区县的游客转完安乐古镇就会到大中坝采摘血橙、脐橙，有了桥，往来方便多了。

阳春镇还有一个办了十多年的节日，双江村橙花岛的"橙花节"。

双江村又名古贤坝，当地人俗称"橙花岛"，据说近代著名藏书家傅增湘的老家就在岛上。长江流至橙花岛，婉转地绕了一个弯，有人用"一江分流，片岛鹅黄"来勾勒这座岛。远山与水雾，岛四周防洪的竹子与岛内养人的橙子，像一幅层次丰富的山水画。20世纪80年代，因岛上土壤肥沃被选为夏橙高标准种植基地，成就了不少万元户。而现在，岛上的主角变成了杂交柑青见，每年四五月夏橙采摘时节，是这个步子走慢了的小岛最热闹的时候。

如今要上橙花岛，还是要乘轮渡，两三分钟到岸，班次不多且时隔很长，所以岸边常有人等船。正巧赶上元旦假日，有人拎着大小箱子仔细地下船，还有人往岛上运城市里已难见的蜂窝煤。村长刘兴国早等在岸边了，带我们去了岛边缘一片天然芦苇荡，这里既有可在长江洪水期休眠保命的神奇植物疏花水柏枝，也有岛上很多人童年的亲切记忆。"有几种芦苇的杆子很甜，像甘蔗一样甜，"刘兴国说起少年时期，"岛上的房子是20世纪八九十年代修起来的，这几年外出打工的人多了，岛上还有两千多人，一千多亩柑橘树。"

多少年来，长江水反反复复绕着这个坝子，淹了又退去。橙色也一样，深深浅浅牵连着这座小岛。20世纪七八十年代出生的村民们，从小到大每年都在感受着江安夏橙从上色到成熟的色温变化。柑橘类果树的寿命一般为40~50年，随着早年栽种的江安夏橙树开始逐年老化，在十多年前晚熟且经济价值更高的青见被嫁接到老树之上。青见，是日本园艺试验场1949年以特罗维塔甜橙与温州蜜柑杂交育成的新品种，果面光滑，果皮薄且易剥，4月底或5月初开花，次年果子可三到五月间采摘。

"青见可以花果同期。"刘兴国说起每年四五月橙花节时，1000多亩橙树铺展开一片绿底，橙色与雪白点缀其间，橙花岛远远闻起来，像一颗剥开的成熟橙子。游客可体验采摘、带着无籽多汁的青见回家，岛上还有大片的油菜花田可赏。

这千亩至今养护得宜的柑橘树，是岛上留守居民的主要收入来源。每年四五月，青见不出岛便已差不多售空，一些村民还做起微商联系宜宾、泸州的客人，岛上种植大户一年有十多万元收入，青见年销售额200多万元。"岛上民风淳朴，不短斤少两，回头客多，"刘兴国说，"去年4月又是高温又是狂风暴雨，挂果减少了三分之一，今年价钱还会更高些。"

成也在岛，难也在岛。早些年就有旅游公司看重橙花岛的自然与农旅资源，因村民慎对土地流转、担心无地养老等原因迟迟没有谈拢。岛上与外界沟通的大桥，也因一些原因尚未修成。近十多年，岛上年轻人因生活不便和经济考虑纷纷去往沿海地区打工。留下的人有心建设，但一经轮渡，所有物料成本均要翻倍。旅游业四五月虽很红火，但还在基础阶段，仅有零星几家农家乐，没有民宿。刘兴国说，往后垃圾处理、厕所建设也都是问题。

站在双江村村委三楼上俯瞰全岛，果树四面环抱着各家各户，年底果子们都用塑料布防霜冻，立春之后薄膜可揭，露出橙光。刘兴国希望更多年轻人回来做果蔬基地，目前，岛上与外界沟通的大桥正在设计，即将开建。在这个已经活进抖音里的岛上，村民生活越来越现代，只有岸边小狗依然无忧无虑，每次轮渡一来，都会摇尾上前迎人。

相比双江村橙花岛，四面山镇是幸运的。四面山如其名，山丘连绵，穿梭在村里，时不时能看到各种基地的立牌。"四面山镇是一个大试验田，小基地有十几个。"石坝村村书记胡晓华说，在江安，四面山镇的柑橘种植步子走得最快。

面积最大的一块柑橘种植基地立牌上，写着标准化果园建设信息，顾问栏中有苏有才的名字。四面山也曾种植过江安夏橙，之后因橙树老化、黄化病肆虐，改种过桃子、葡萄，但都失败了。胡晓华从1986年就开始做农业技术推广员，六七年前，当决心在石坝启动柑橘种植计划时，他把技术放到了首位。除了精选了塔罗科血橙、爱媛38、春见三个品种，还成立了专业合作社，通过合作社统一采购苗木确保果苗品质，除了从农业局邀请苏有才等技术专家实地讲解，他还专门建设了管理队伍。"该打药，打什么药，我们及时微信群里通知；年纪大就印书面资料发送，连字都认不得的就直接上门通知。"胡晓华说。

种植仍以散户为主，也有五名返乡人才做起了种植大户，并以土地流转的方式雇佣村民，增加全村收入。"最初土地流转也不太顺利，但这几年的经济效益大家看得见。"胡兴华介绍，他们还以代管费、保证金的方式统一管理育苗保苗，想方设法调动果农的积极性。

"你到三月份再来看，漫山遍野，真的太舒服。"胡晓华说，四面山的土质会让柑橘成熟时带一股玫瑰香。站在村里最高的山

↑ 江安农家橙子丰收场景。丰收季，是橙园最热闹的时候，全家齐聚园中一同采摘，村中四邻都会前来帮忙。
摄影 / 冯浪

↓ 早年果农们将一筐筐果实担回家中，或是自己挑着寻找买家，或是经由中间商售卖给周边地区的大型超市。2019年，江安人开始探索与电商合作，尝试冷链鲜果销售的新模式。
摄影 / 李勇

丘上，他眼中每一个山头都待橙火点亮。

2019年，石坝村已挂果柑橘有400亩，2020年可达900亩。2021年可达1500亩。胡晓华的计划是建成一座3000亩的柑橘标准种植核心区，"这一两年销路还是散户自主联系，邮政物流能发到十几个省份，再等三五年，我们就要用电商做大产量了。"

夏季之橙的复兴计划

在县人大常委办公室，侯玉如取出县里二十多年前出版的张文湘纪念文集，说起当年和张老共事时的许多照片已经遗憾地遗失了。

20世纪八九十年代，在江安，种植、研究柑橘是年轻人就业的热门之选。侯玉如1988年进入柑橘研究所，与张文湘共事多年。他用当年很珍贵的日本理光相机记录下张老去看望大中坝三棵母树的时刻，还记得张文湘晚年苦心研究的橙花精油提炼方法：用塑料薄膜在树下收集不坐果的落花，用原始的设备每年蒸馏几公斤橙花精油。因未能引入设备和推广，橙花精油成了张老晚年的一个遗憾。

张文湘去世后的二十多年里，橙花精油已大批量生产，中国农业从产业模式到一线种植都经历着诸多改变。打工潮带走了江安部分劳动力，年轻人外出读书见识了大千世界后，种柑橘越发不是一个经济价值最高的选择。江安一方面努力地优化柑橘品种，让江安夏橙的概念拓展到晚熟的"夏季之橙"矩阵，但在招商引资、产业链建设、物流、人力、土地流转积极性等方面难免有掣肘之时。今天，江安面对的最大难题，是一个传统种植基地如何以标准化、规模化、商业化的实践去对接这个时代。

张文湘去世后，江安柑桔研究所没有存续下来，科研锋芒聚焦在了重庆中柑所（中国农业科学院柑桔研究所）。这家张文湘曾频繁往返交流的研究机构，在20世纪90年代就开始为"提升一米"，即把地摊果品提升品质进入国外果品专柜而努力。在全国，柑橘产业化正在基地建设、绿色和有机种植、产业链延伸等方向全面提速，仅四川近些年就火了"眉山青神碰柑""丹棱不知火""广元邻水脐橙"等特色柑橘。江安尽管仍以柑橘为第一产业的重中之重，有晚熟柑橘面积12万余亩，却已不如往日耀眼。

侯玉如的年轻时代和江安柑橘的辉煌时期是嵌合的，至今他家中种养着十几种柑橘树，"但是还是要从外面买，不够吃"。谈到整个县柑橘产业的未来，侯玉如说，一方面是要将散户为主的局面转变为高标准的柑橘园区，采用标准化管理，如施有机肥、肥水一体化、生物防治等，还要提升果农的商品化意识，"果子结多了就要舍得疏果，但老百姓就是舍不得，做不到。"

另一方面，侯玉如一直等待的行政区划调整在2019年实现了：邻县长宁县的下长镇划归江安。江安计划在下长镇复兴村打造一座占地5000亩的柑橘大观园。"有采摘体验，还有张文湘教授引进夏橙的人文历史、世界柑橘的品种科普，"侯玉如早就看重了这里紧邻高速出口的地理优势。县里的规划是，全县以北乡（江安长江以北的乡镇）的规划园区为主，南乡（长江以南的乡镇）的适宜种植区为辅，力争到2021年全县柑橘面积达20万亩。

江安政府还在等一股东风，希望以企业带动现有种植基地进一步深入柑橘产业化与柑橘的精加工，探索以物流为媒介与电商合作冷链鲜果销售。就在我们来到江安之前，2019年底县政府召开的"橙商有约"电商主题论坛刚结束。

"2019年是我卖江安橙子的第一年。"王亮兰说。她从家乡宜宾县调动到江安的中通速递还没多久，正尝试把在宜宾"物流＋电商"合作模式卖宜宾大红李经验推广到江安。

像大中坝、四面山这样规模较大、种植较规范也有口碑的种植基地，往往以合作社的形式直接对接江安与周边地区的大型超市。王亮兰最先接触的，是那些年纪老迈、果子难销的散户。江安的柑橘属于实惠大众型，脐橙、血橙的品质好且不打蜡，但不像江安大白李或宜宾大红李能打上地理保护标识亮相市场，散户不分拣、不进行精加工，既不占价格优势，也不占规模优势。

王亮兰说起与散户合作的另一困扰：在商业化意识较弱的果农眼中，种出来的所有果子都可以卖，解释"商品"的概念有时会伤情分。"12月份刚去一个留守婆婆院里摘了一万多斤，不符合'商品标准'的有一两千斤，包括地上的落果、品相不太好的。"但她心一软还是收了，于是每到这时，王亮兰便开始给七大姑八大姨送这些果子。

2019年是王亮兰在江安摸索乡情与理性间平衡点的第一年。以商业模式去帮扶老乡，仍需加入一个品控环节，实现收支平衡或微利，才能做得长久。"内心深处，是能让家乡的东西走出去。"王亮兰说起诸多困难之中最大的欣慰。

在江安再多走几个村子，找一棵健康的树，拍拍坠在半空的果子，它像有生命般摇摇晃晃地和人玩耍。四川方言把柑橘称"柑儿"，那亲切感像听他们叫"娃儿"，在果农和技术专家的心中，三年挂果、五六年开花保果的柑橘养护过程，就像看一个娃儿长大。

以现代产业的眼光来看江安柑橘，它还在起步。散户为主的种植模式，尚在探索的标准化果园，尚未有大中型企业合作介入的产业格局与流水线等，都体现着传统柑橘种植重镇与现代产业发展之间的差距。但也因此，江安人和柑橘的关系未因商业逻辑而疏离，柑橘是很多人家院里不可或缺的一部分。情分上，江安人离不开橙子，但要谈发展，就要让柑橘离开江安，像夏橙走向全国那样。纵然天时地利人和的故事通常很难在同一个地方重复展开，但人们总愿意怀有憧憬，于江安，或许如北岛一句诗中的景象："橘子辉煌"。

从夏橙到夏季之橙,一树树温暖明快的橙色,年年如约而至,点亮了江安这座江边小城。摄影/刘建雄

江安大白李，
青果压枝沁心脾

撰文
刘昕怡

江安地处四川盆地，亚热带季风气候温暖湿润，温润的土壤中性偏酸，以砂壤土为主。除了长江的润泽，140余条大小河溪在江安交汇、分离，在低山丘陵间静静流淌。这样温和的气候、地势和土质，润养了一种香脆可人、酸甜适宜的青果——江安大白李。

江安的大白李属于中国李。中国李的栽培历史可上溯至三千年以前，《诗经》中已有"投之以桃，报之以李"的诗句，可见"桃李"自古就是寓意祥乐的好东西，可作为礼物相互赠送。到后来，桃李成为百姓的日常之食，北宋《清明上河图》里，就有小商贩在售卖李子。

清嘉庆十七年（1812）的《江安县志》中有载："李，各县俱有，江安尤佳。"味蕾不欺，食者刁钻，江安境内最为人称道的大白李，原产于原桐梓镇姜庙村赶场山一带。赶场山不是一座高山，而是一片地势颇为平缓的山垭。这里土层更为深厚、土壤不易积水，极适宜根浅、耐水性弱、对土壤养分要求高的大白李树生长。赶场山种出的大白李，肉质细脆，果汁充沛，清代时成为皇家贡品。自那时起，"赶场山大白李"便成了江安大白李的代称。

一颗青李入夏来

"我们江安的李子一直都很有名气。"江安县农业农村局的易守奎站长的语气中难掩自豪。他回忆起从前当放牛娃的时候，最爱和小伙伴们一起爬树摘李子吃。"那时的李子树还没经压枝修型，长得高，果子还没长熟就被我们摘光了。咬一口，满嘴都是果皮的涩味儿，酸唧唧的，不过我们也吃得开心。"

端午时节，热气渐渐腾空，漫步江边小城，江安的街头巷尾便开始出现挑着竹箩筐的农人。农人筐里堆着的青李子就是大白李，浑圆透亮，蒙着灰白的"果粉"，一见便知新采不久。他们或沿街叫卖或在路口驻点蹲守，不一会儿便引来路人询价还价，俯身挑选。提着一小袋李子，心急的人掏出一颗来，用手或衣袖稍微擦拭一下，就往嘴里塞。

熟透了的大白李不过乒乓球大小，重量介于25~35克之间。虽看着小巧硬朗，一副"涉世未深"的青涩模样，咬下去却是脆

清甜脆嫩的大白李,原产于江安县,尤以阳春镇姜庙村赶场山品质最佳。每年端午前后,这浑圆小巧的青果子就会压满枝头,散发出沁人心脾的蜜香。供图/视觉中国

图为江安县依托"大白李"资源,创建的"白李果源"乡村振兴示范区。
摄影/蔡磊

甜多汁,还有股淡淡的蜜香。大白李的核儿也是小小的,与果肉分离。下嘴之前,若是把李子凑到耳朵边摇那么几下,还能听见果核与果肉晃悠悠的碰击声。如此"声效",正源于大白李"离核"的特质。

再仔细瞧瞧大白李被咬开后的剖面,果肉虽然分离,却并非全然"留白"。果核的一部分附着短短的、针芒似的、带着些许黄白透亮胶状物的果肉,江安的果农们贴切地将它形容为"李子结冰糖",这也是大白李最为独特之处。易守奎打趣地说:"这'冰糖'类似溏心苹果的'溏心',有不懂的外地人,咬开一看,还以为是买到了烂果子!"

李子性子急,而大白李尤甚。春节之后,大白李果树的小白花开始盛开,赶场山等地一片白色花海。花开之后,淡绿狭长的卵形叶子一丛一丛地冒出来,渐渐地,一簇果子圆溜溜地在短枝上"蹦出来",果子的"脑袋"慢慢地被"削尖"。待到端午,第一批大白李便基本成熟了。短短十天后,大白李的采收季就结束了。易守奎说:"就是留在树上不摘,果子也会自然烂掉。大白李很'娇贵',保鲜期短。过了端午,江安售卖的李子就都是外地引栽的品种了,比如说青脆李,到八月份都还有。"故而,江安大白李又被称为"端阳李"。

即便如此,"娇贵"的江安大白李,因品质好、适应性强等优点,被列为中国李子六大优良地方品种之一,作为果树主栽品种被沿江引种,遍布重庆、乐山、雅安等地。

一方果味沿江生

花期早、结果快、不耐储,新鲜大白李给人的甜蜜不过半个月光景。然而,手艺人巧手慧心,将大白李做成蜜饯,或是酿成酒,换个花样延长了美味的享用。

江安人近代种植李子的首次盛况发生在20世纪30年代。那时,正值抗战全面爆发,重庆成为国民政府的陪都。川东山地、长江、嘉陵江既成为重庆的防御屏障,也让战略物资可以匿山道而行、沿江河汇集。江安大白李在这期间被大量种植。"嘉应子"是李子的别名,由大白李加工精制的咸味蜜饯"化核嘉应子""果汁应子"饱满澄亮,惹人喜爱。伴随着数十万"下江人"(指长江下游地区的人)的内迁,江安大白李也便顺着川江航道走出巴蜀,销至全国。

"黄金李子糖,果儿水汪汪",江安不少六七旬的老人还记得李子糖的乡谣和好滋味。"可比那枣子糖好吃,食之清香,软而化渣。"1949年前,每年大白李丰收之时,江安周围做糖的民间艺人、糖果厂、私家商号便会聚集在桐梓镇(今阳春镇),抢收最优的大白李,大量制作名为"李子糖"的蜜饯。其中,最为有名的商号要属南井"张打糕"和"泉香斋"。乡民赶集时,总会买上几包李子糖,自尝或赠人。李子糖经过简朴而精巧地包装,顺着繁荣的水运销到了泸州、重庆、武汉等地。老人们说:"我们赶场山的李子糖,那可是蜜饯里响当当的高档货。"

20世纪50年代初,李子糖改由供销社生产,名字也统一为"江安蜜饯"。老人们还记得供销社李子糖的制作方法:将鲜李子去蒂、清疤,洗净后放入锅中,加水和白砂糖熬煮,熬成"偷油婆"(蟑螂)那样红透透的,李子糖就做成了。"可惜现在没人做了。那时候,只有供销社有白糖,民间自家做李子糖的少得很。"

20世纪50年代末,江安的李子树遭遇"大跃进",几乎被砍光。20世纪70年代,江安人才以赶场山的山埂为据,开始恢复大白李的种植,十年里种了近十万株李子树。"产量看似开始恢复了,其实农户都是各栽各的,很随意,也不养护果树。"易守奎解释道,"我们将这种栽法称作'满天星',果树稀稀疏疏地散落在山丘上。"

如此"佛系"的种植方式一直延续到20世纪90年代末,以致连风水福地赶场山上的李子树都普遍老化,近十年没有挂果。"也不能怪农民不好好打理。李子的价格低,种果树收入少,村里的年轻人都外出谋生,劳动力不足呐!"易守奎懊恼又无奈,"留在村里的农户依旧各自为政,而且年纪最轻的也有五十多岁了。各家地那么大,树东一棵、西一株,隔得那么远,种植采收都忙不过来,更别提修剪养护了。"

2001年是江安大白李发展的转折之年,赶场山、石步、踏水桥等村开始着力发展李子产业,逐渐推进李子专业合作社的发展。"土地要整理,品种要改良,技术要指导……

↑ 如今，白李果源乡村振兴示范区按照"大园区＋业主"模式，引入四川嘉果现代农业公司，新建2000亩高标准果园，辐射带动周边传统果园升级改造，构建出了一个以种植为主导，赏花、采摘、李子文化元素等融合发展的农旅融合示范基地。摄影 / 蔡磊

↓ 如今作为中国南方李子基因代表之一的大白李，走出了江安，被广泛引种至雅安、重庆等地。摄影 / 刘建雄

一切都要重新来过。"易守奎说，"要让大白李重新成为农民的'摇钱果'，最难的是要让农户重新相信种植大白李确实物有所值。"

从2007年开始大白李连年丰收，一亩的产量最高可达5000斤，亩产值达2.5万元。然而，这不过是江安大白李重返江湖的第一步，曾经引领风骚的甜蜜果子随着时代和人们生活方式的更迭，不断面临着新的挑战。

一树白花听春雨

此行正值冬季，江安少有日晒，鼻尖被晨露浸得湿漉漉的。现在的姜庙村赶场山被划入了阳春镇，车子在山丘和低矮的农舍间缓行，远近可见的片片果园里，李子树都赤着身子，枝干紧缩，正沉静地等待着春天的召唤。

一处坝子敞阔的门前，刘亚兰一头短发精干地站着，她身后的白李源生态农庄是自家的营生，春夏忙活着种采李子，冬日主营农家乐。2007年，江安成立县原生态李子专业合作社，农户刘亚兰是最早加入的5户农户之一。当时，五十岁的她既踌躇又忐忑："毕竟自己年纪也不小了，李子得三年才能养成、结果子，就像是拿生活在跟天赌，在跟时间耗。"

最开始，参与专合社的农户少，果园零星分散，翻土由人力进行。现在，超过170户农户加入了专合社，他们的土地经流转已连成了片，全县种植大白李的果园加起来已有差不多5000亩。"现在规模扩大了，需要增加机械的辅助来提高效率，要请专家来指导如何现代化、科学化种植，以减轻农户的种植压力。"已经成为专业合作社理事长的刘亚兰一边满怀期待，一边感慨每走一步都有新的问题。

在农业专家易守奎看来，流转土地后进行的大规模现代化种植，与20世纪70年代随天意而为的模式有很大不同。"现代化生产都有章法可循。过去，很多农户不知道李子是集中在中短枝上结果，一刀就把收获给剪没了，留下华而不实的疏长的细枝。现在，果树如何定植、如何修剪整形、花果如何管理等，都有专家指导，合作社统一管理。"易守奎介绍道。如今种植果树既需要怀有对自然和土地的赤诚和敬畏之心，同时也要运用科学技术，让李子得到保障。

"如果光种江安大白李这一品种，那就显得江安人太自以为是了。"易守奎调侃道。除了江安"端阳李"，江安的果园里还有端午之后半个月才日渐成熟的蜂糖李；有七月上旬成熟的茵红李，它底色青黄，吸足阳光后呈现暖暖的紫红色；还有枝干挺拔、无论在山地还是平原都表现优秀的晚熟品种青脆李。"品种混栽的方式除了能给农民增收，果园的景色也会更好，更适宜观光，为江安的生态旅游做铺垫。"易守奎如是说。

无论种何品种，盛夏之后，李子树便进入了休眠期，深秋落叶，立冬时就全光了。冬天，独枝无叶的李子树，也不容放任。李子树的躯干得刷上白漆，用于抵御冻害、日灼，以及阻止或消灭藏在树干表皮的虫害细菌。植物周而复始生长，有时意气风发硕果丰收，有时沉默无语矜持蓄势，而照看植物生长的田间人，总是心心念念，从无闲时。

猪儿粑，
红桥人的身份记忆

撰文
詹忆梦

摄影
冯大伟 等

见到蒋妹的时候，是一个平凡的冬日上午。她围着围裙在自家店里，不断招呼着进门的客人，双方几句交谈，一笼笼圆润可爱的猪儿粑的订单就谈下来了。

在她身后，一群女人正在做猪儿粑。她们围绕着一个巨大的长桌，上头放着几盆或甜或咸的猪儿粑馅，几个人配合着不断地捏出元宝状的传统猪儿粑来。还有一个人手上的动作要慢一点，她正在捏的是如今红桥镇流行的小猪状猪儿粑。店中的时钟分针每走一圈，就有四五个猪儿粑被放置在桌上。

红桥的每一个冬天都在发生变化，石碓子不再使用了，龙灯不烧了……红桥的这儿红桥的那儿，总会发生改变，唯有这柔软的猪儿粑，包裹着丰富适口的甜与咸，年年香气依旧，诉说着人们对丰盈的满足与对未来的想象。

百种食材藏红桥

从未见过一个粑粑（方言，指饼类食物）里能藏住那么多的馅。猪儿粑的馅儿似乎是"万能"的，在咸和甜两种味觉的战场上，

各成风味。咸味猪儿粑馅料是由精瘦猪肉、新鲜冬笋、干豆腐等食材经铁锅炒熟，再以盐、花椒面等调味而成。甜馅则是由桔红（指橘红，一种中药，为橘类干燥的外层果皮）、白砂糖、芝麻、花生仁、核桃仁及优质的生猪板油按照一定比例混合、搅拌均匀后制成。

如此令人眼花缭乱的配方，就像是当刘姥姥问起那一道茄鲞是怎么做出来时，忍着笑意回答的王熙凤报出的一串长长的食材清单。一口简单的味道，有时是要通过一连串的食物来互相成全的。对于物产丰饶的红桥镇来说，用如此多的食材来完成一只猪儿粑，似乎显出了这里一贯的奢侈与精细。

红桥人确实有这个底气。地处淯江河畔的红桥镇，东临兴文县玉屏镇，西、南分别与长宁县梅硐镇、龙头镇相接，自古水陆交通便利，周边乡镇的农副产品多由此经销。清光绪年间，食盐供应改为官运商销，红桥盐业隶属于泸州食盐官运总局管辖，因地利交通之便，附近多个乡镇的民用食盐由红桥盐商经销，后来红桥人又从李庄等地运来砖糖和土法制成的白糖，吸引远近客商前来红桥经营。粮、盐、糖三大主导商品的经销和

传统的猪儿粑为元宝状或豆角状,近年红桥人迎合消费者的喜好,创新地开发了花朵状、小猪状、多肉状等小巧可爱的新式猪儿粑。

旧时，红桥磕粉大都由人工用石碓反复"磕"制而成，产量低、耗时长，因而红桥农家只有在年节时方才制作猪儿粑。磕粉、调馅、揉面、包馅……一只只精致的猪儿粑，饱含着红桥人对生活的热爱，是家乡的味道。
摄影/张律堂（石下）

商家的带动，使得红桥本地的工商业发展为加工、购销、饮食等相关的三十多个行业，直接或间接与之配套发展的商贸往来，促进了红桥商业的繁荣与兴旺。

如果说馅料的包容与混搭，显现出红桥物产的丰盈，那么用于制作猪儿粑皮的红桥磕粉则展现出本地人的灵巧心思。听一位店家说，红桥猪儿粑非红桥磕粉不能做，磕粉的优良品质决定了猪儿粑的外观、气质。由于土壤优质，红桥的糯稻也同样出色。本地糯米经多次浸泡、换水、晾干后，再以石碓反复"磕"制，即成红桥磕粉。所谓"磕"，指的就是用石碓舂米。旧时均是手工磕粉，磕出来的粉，粉质细腻且黏性十足，用其做出来的猪儿粑，色泽莹白、皮薄而糯。但手工磕粉耗时长、产量低，本地农户只有逢年过节才会"磕"些糯米用来包猪儿粑。

磕粉的机械化生产，对猪儿粑的量化生产起到了关键的推动作用。机械化是指在糯米浸泡后，用机械将其磨制成浆，然后脱水，再以热风炉烘干，避免了手工磕粉环节中的损耗，从而提高磕粉的产量。随着本地白姓、杨姓、谢姓等机械化生产磕粉的厂家陆续建立，红桥磕粉年均产量已在150吨至200吨之间。20世纪90年代，在红桥镇桥头（地点名）等地出现了专门售卖猪儿粑的摊贩，后来生意日渐红火，魏妹、蒋妹等专营店铺应时而生。曾经只有结婚、生日时才被端上桌的猪儿粑，变成了红桥人的日常小吃。

吃猪儿粑，红桥人有一套完整的"仪式"。吃之前，筷子必须在凉水中蘸一下，避免夹猪儿粑时粘连。蒸熟的猪儿粑已经呈半透明状，夹起来一口咬下去，糖馅儿已经柔软地化了一些，在口中迅速制造出甜蜜的幸福感。此时再配一口清茶解腻，一口气吃上一笼，也不会觉得黏腻。

猪儿粑的身世传说

在各地小吃的起源传说中，人们总是将对皇权、天神的想象编织进食物的神话，红桥猪儿粑的身世也是如此。据传，猪儿粑是由明朝皇室后裔朱二从宫廷带出来的，先传入广东再入四川，在红桥人和客家人的共同努力下，成为集川味与广味两大菜系精华的小吃。还有另一种传说，明末清初兵荒马乱，一年年关将至，红桥的一位老妈妈将家里的糯米用石碓子舂成米粉，蒸熟了当作贡品，祈求神灵庇佑，此后疾病消除，家中连年丰收，这位老妈妈也被本地人传为广东一带一位女神的化身。

传说透露出猪儿粑的两个重要讯息，一是猪儿粑的"混血基因"。明末清初不少湖广乡民迁徙入川，众多小吃美食随之而来，在之后漫长的岁月里，融汇本地风味而形成猪儿粑，看似顺理成章。二是石碓子是早年制作猪儿粑的关键工具，也是本地人生活中不可缺少的农具。根据县志记载，民国初年，红桥镇乡村人家仍使用石碓舂米，直至20世纪60年代石碓才开始逐渐退出人们的生活。

红桥人喜欢猪儿粑是出了名的。他们不仅喜欢吃，更喜欢把名字和猪儿粑联系在一起，这似乎是红桥人幽默的敬意，像是王猪儿粑、李猪儿粑……民间还流传着一连串关于猪儿粑的谜语，如"巧媳妇手中呵护，粑大王棍下战死"，讲出了每一只猪儿粑的"人生":被灵巧地捏制出来,又被一张张嘴狼吞虎咽地吃下去。

猪儿粑不仅仅是红桥人日常生活中的一道小吃,更是人们用以沟通神灵的媒介。旧时农历腊月二十三,当地人会将猪儿粑黏在灶王爷的嘴上,将灶王爷的嘴黏起,免得他在玉帝面前多嘴多舌;还有一说是猪儿粑软糯香甜,用敬灶"讨好"灶王爷,让他在玉帝面前好言几句。正月后的猪儿粑,根据用途,外观上会有所变化,如正月初一吃猪儿粑是为了聚财,所以要用一片青菜叶缠起来,象征着财不白;元宵节时,则要包成元宝状,既有元宝敬献神灵之意,也有庆团圆之说……

猪儿粑的每一次"变形",都是红桥人用灵巧的手捏出的愿景,祈愿一口猪儿粑吃下去了,日子就会好起来。在这样的吉祥甜蜜中,这只猪儿粑所包裹的内容也越来越丰富,以至猪儿粑也变得"鼓"起来了。

一笼小猪的奇妙想象

蒋妹的朋友圈总是很繁忙,时不时就有人在微信上问她:"蒋老板,你有没有空给我们做点猪儿粑?"她能做就会尽量接下来。从一大早摸黑起来做活儿,时常忙至晚上也停不下来。

蒋妹家的猪儿粑花样特别多。这种灵巧的尝试似乎有红桥人家传的聪慧在里面。蒋妹还记得上小学时,母亲在家中做猪儿粑的样子:双手以拇指为中心,其余四指配合,不断旋转揉捏,直至磕粉团捏成薄而均匀的"灯盏窝",再将馅裹入其中,捏成元宝、豆角状。

蒋妹继承了这份家传的天赋。传统元宝状的猪儿粑,在她的巧手中,变换成南瓜状、多肉状……她还尝试在面团里加入各种蔬菜汁,揉出粉粉紫紫的猪儿粑皮,让猪儿粑的颜色富有变化。

而将猪儿粑做成小猪形状的创意,源自她看一个短片时的"灵光一闪"。短片中,在乡村生活的爷爷为了找到孙子口中的小猪佩奇,不断地询问身边的人,"啥是佩琦?"在这个故事里,蒋妹看到了人们对憨态可掬的小猪卡通形象的亲切感,于是她尝试着做了小猪状的猪儿粑,一下子就卖火了。

我们在店内见到了这种猪儿粑的制作,小猪的成型比传统豆角状、元宝状的要多花费一倍时间。师傅们需要先捏出小猪圆圆的身子,再将两小粒磕粉团成蒲扇状做猪耳朵,还要依次做出鼻子、嘴巴,最后随着师傅手中捻的牙签往小猪的脸上一戳,憨憨的一头小猪便出现在掌心,引得围观的人赞叹,"好可爱……"

做好的猪儿粑放入竹蒸笼中,蒸上六至十分钟,每隔三分钟揭开蒸笼"闪一次火(指打开蒸笼盖子放出热气)",闪火二至三次后,就可以揭开蒸笼。蒸汽一下子喷涌而出,升腾在空气中,一笼一笼地拆开来摆在桌面上,鼻息之间充满了热腾腾的暖意。

历史上,红桥镇的名字1994年才被定下来。第一批迁入当地的异乡人,熬出的第一锅苕糖,第一次尝试把煤炭运往外头。他们头一回拜神,兴高采烈地烧起龙灯,盼望着不远的好日子。这些断断续续的日子又顺着河流互相交汇,而猪儿粑的故事还会继续,有时候,食物令人产生的依赖与惊喜,不亚于一场耀眼的仪式。

蒋妹是红桥猪儿粑制作技艺的传承人。这些年她一直在尝试将古老的手艺与现代审美相结合,试图将猪儿粑推向更广阔的天地。

安乐双绝，
江边的恋恋乡情

撰文
刘昕怡

摄影
冯大伟 等

一片白肉的绵密与豪爽

安乐场镇位于长江上游，曾名"木头灏"。旧时，水运码头来往的纤夫们，尤其喜欢赶着饭点在此歇脚打尖。他们三五为聚，光着膀子、搭着帕子，坐在河坝油腻的小木桌边，黑黝黝的皮肤、汗涔涔的背脊，在日光下铮铮地发亮。同样发亮的，还有桌上摆着的一大碗白米饭，一盘片片铺展开来的白肉及一小碗酱油。

切得薄长透亮的白肉，偌大一张，夹起来，轻轻一甩，肉片便如绑腿般服帖地裹缠着筷子。蘸一蘸加了蒜泥葱花的酱油，那赤黑的酱油，像是触了电，顺着白肉往上爬。纤夫们埋着头，腮颊鼓动，白肉肥而不腻，辛香存喉，极其饱口。末了，再把酱汁淋在白米饭上，呼啦啦刨上几口，发出吧唧吧唧的咀嚼声。这白肉，又叫安乐裹腿肉。这"一甩裹筷"的吃法，是安乐船工们创造的。

"纤夫们赶时间，肉切成一小点儿的，可是搞不赢！祖师爷就一刀片开，肉量不多，吃起来却是爽感（过瘾）的。"罗革，人称罗二娃，是安乐白肉的第六代传人。罗二娃的祖师爷罗应璋生于晚清年间，是否是他开创了这道菜我们不得而知，但他的口碑想必是最好的那一个。20世纪40年代，国立同济大学等高等学府辗转迁至李庄，海内外的名人墨客在此汇聚，随着人口增长，李庄向宜宾各地招揽厨师。刘氏庄园的少爷刘玉山在此期间来安乐镇，拜于罗应璋门下，在习得了这门手艺后，将白肉带回了李庄。刘玉山晚年重回故地，最后在安乐去世。

罗二娃从小"调皮又爱惹祸"，但一到厨房就静得住，忙前忙后打下手。后爷爷（继祖父）李昌明是安乐白肉的传人，觉得他是有慧根的，便在他16岁时开始传授他白肉的要诀。那年头，学厨艺好似修炼武功，一道菜就是一路绝招。在厨房干活，师父的身教多于言传，徒弟靠的是勤练和开悟。安乐白肉的要诀，不过四句：

手稳心不慌，扳平刀要光；
火要焖火煮，选料选二刀。

口感是美味的基础，食材是口感的根。喝着长江水长大的本地猪，肉厚实绵密，肥肉白而有光泽，瘦肉红亮有度。选料，得选猪的"坐墩子肉"——后腿上方的二刀肉。

安乐酱油与白肉的美名,随着旧时往来的船只远播乐山、重庆等地。现今,安乐古镇的银兴义酱园作坊仍遵循古法酿造,延续着传承百年的味觉记忆。

安乐银氏酱油讲究"伏酱秋油",每年伏天最热的时候,银家夫妇都会顶着烈日,不断搅拌后院的百余缸酱料。"日晒夜露",历经整整三个伏天的高温发酵,方可抽油浸至香料,然后装瓶对外售卖。

冷锅放肉,加葱姜焖火煮一个半小时,取出后冷水静置。

肉要在吃时才片。片白肉的菜刀,比一般的要宽阔,刀锋薄亮,光泽可鉴,但仍得勤磨。一块长约 30 厘米、宽约 20 厘米、一斤左右的白肉,精巧地片下来,能有 50 多片,厚薄不足一毫米。

吃白肉是有时节的。每年三月至五月,安乐气温回暖至 25℃左右,最是吃白肉的好光景。潮热时,白肉入口易腻;阴冷时,白肉又得回锅煮烫。而且雾雨浸润后的清明,迎来了新蒜的上市。调制蘸白肉的酱汁,需选用传统瓣蒜,它较独头蒜更辣、香味更浓。放置石头碓窝中捣碾,待蒜油溢出,放少许酱油。蒜泥的量随白肉的配量而备,当日备当日毕,隔日便不香了。蒜的辛辣、酱油的浓香和肉的肥美在舌尖美好碰撞,是为安乐白肉之妙。

一缸赤黑的倔强与温良

安乐白肉的灵魂伴侣,是安乐酱油,又叫银氏双花酱油。说起这酱油究竟哪里好,津津乐道的乡亲们似乎有一套标准答案:"倒在碗里,不得巴碗!"(巴,四川话,指"粘"。)

安乐古镇的冬日上午,雾气还没有散去。街上一家店门半掩的肉铺前聚了三五人,老板娘正笑吟吟地烫鸡、褪鸡毛。前去打听安乐酱油,行人挥指不远处一座古旧店铺。店前挂着一块漆黑的门匾,印着"银氏双花酱油"和"银义兴·老字号"一大一小两排字。店门口的大酱缸格外显眼,柜台阁架上搁着小坛装的酱油和醋。陶土坛朴实无华,坛身贴有红纸墨笔,红布束口。久违的乡情,浸着酱油的浓香,漫于古巷的空气中。

银氏双花酱油的第四代传承人银元和他的妻子程先萍,闻声从内院走了出来。他们六年前才从父辈手中继承了古法酿造的技艺,重启家族的酱园作坊。银家的酱园作坊,于 1919 年由银元的祖祖(曾祖父)银义兴创建。当时选址安乐,除了水土适宜,更是看中了其水陆码头的繁荣与便利。长江为酱园带来了宜宾的天然井盐,也让美滋滋的酱油沿江被运至乐山、重庆以及更远的地方。

此后一百年,银家一代代人与这一缸缸赤黑的酱油一样,历经了时间的锤炼。1952 年,国家实行公私合营,银义兴酱园作坊成为安乐供销社酱园厂的一部分。那一年,银义兴已年近七旬,儿子银熙华继承了他的衣钵,去安乐供销社酱园厂工作。后来,银熙华的长子银登礼和二子银登乐分别进入安乐酱园厂和二龙口酱园厂工作。20 世纪 90 年代,安乐酱园厂停业,银氏家族才遵循"银义兴·老字号"的规矩,在南溪县(今南溪区)定做了一百多个土陶缸,在自家院子里做起酱油来。

安乐古镇上的银氏酱园作坊,是典型三进川南小院,青瓦木梁,一门一进,院内嵌着两个小天井。天井里盛满水的大缸早已青苔遍布,一旁的花盆里栽着夹竹桃、文竹、苏铁。一进为店面,两侧的木楼梯通往平日里用来储物的阁楼,熬制酱油时,阁楼也用于胡豆的阴晒发酵;二进是饭堂,梁顶敞阔;三进是厨房和居所,屋檐下挂着腊肉和香肠；再往后是一个敞阔的院子，一百多个酱油缸子齐齐排列，它们在等待着蜕变，成为时间的礼物。

中国人的生活离开不酱油，有了它，食材便可变为佳肴。大部分酱油由黄豆加盐发酵制成，安乐酱油用的是胡豆，也就是人们熟知的蚕豆。从胡豆炼成酱油，按照古法，得经过一年发酵、两年翻晒、三年提油，即所谓"伏酱秋油"。每年春天，银家的后人们便热火朝天地聚集在安乐场，开启新一年的制酱之旅。

胡豆经筛选去壳、浸泡蒸煮、阴晒发酵、下缸后，便开始为期三年的"日晒夜露"。刚开始学制酱油时，程先萍还比较懵懂，时日一长，方知"晒足"和"露透"同等重要。她说："单晒是不够的，晚上露过的酱才会是油浸浸的。"不同年份的酱，色泽差异很大，第一年是橙红的，愈往后色泽愈发黑亮。"日晒夜露，伏酱秋油"便是银氏家族制作酱油一脉相承的要诀。

日光下静晒是不够的，还得用楠竹削成的木棍搅动酱缸，把缸底的酱给捣上来透透光。要搅匀一缸酱，即便是银元这样的老手，也得大费力气地搅动十多分钟。第一年的新酱，日日搅拌；第二年，隔三岔五搅拌；第三年，隔周搅拌。"天气热时，四五点就要起来，不然日晒三竿了，都干不完！"银元如是说。若是遇到下雨，就得把缸子盖住。银家原本用的是传统竹编的尖顶盖，后因报废率过高换成了不锈钢的盖子。"以前没有实时天气预报，一遇到下雨，老街坊们都赶紧跑来帮忙盖盖子。"银元回忆道。

制酱最关键的是"晒"。炽热的艳阳是酱油的催化剂。酱油要经过整整三个伏天的暴晒，伏天里缸内温度需维持在40℃左右，胡豆才能完全发酵。等这缸酱进入第三个伏天，银元和程先萍就会召唤家中兄弟姊妹及后辈前来帮忙，因为晒酱巴的时候到了。

"晒啊！热啊！"银元少有地撅起嘴、皱着眉，声色洪亮地说道。晒酱巴是个细致活儿。第三年完全发酵了的胡豆得一层层敛于盆中，而后将缸子洗净，在太阳最盛的时候晒得滚烫，再把豆子一丁点儿一丁点儿地"担"（甩贴）于缸子内侧。缸内第一层晒干后方可担第二层，一缸豆子得担七八天。最后将晒干的豆子撬出来，掰成小坨，放在院子里晒。"戴着草帽把脸挡住也会晒得黢黑，跟酱油一样。"程先萍爽朗地笑了起来。

秋分时节，日渐短夜渐长，天气逐渐温和，便可用开水浸泡酱巴，放入竹筛后便可以抽油了。酱油非原始的盐可比拟，因为它的味道并非是单一的咸。它的原豆不仅经过了工艺和时序的锤炼，也融汇了香料的味道。银氏家族自然也有香料秘方，抽好的酱油会与香料包"缠绵悱恻"十五天，在大寒时节才会被装入坛中。酿造酱油的人和随时间发酵的酱油，都是在跟时间合作，都得耐得住时间漫长而悠然的赋予。

冬天是酱油制作周期里的闲时。这日晌午，程先萍煮了一截白肉，佐料除了蒜泥葱花，另加几颗小米辣，而后她又倒上了小半碗酱油。"你看，我们的酱油不巴碗！"说着，她不好意思地笑了，"这白肉我切得不好，你将就吃！"

安乐白肉以其薄如蝉翼、肥而不腻的特色,曾名噪一时。白肉制作对刀工的要求极高,县内少有师傅能做得地道。在安乐,酱油和白肉像是一对灵魂伴侣,相辅相成,是古镇人们难以忘却的味道。摄影/张律堂

烧腊，
小摊上的家常滋味

撰文
加贝

插画
林天意

晚饭时间，江安的街头巷口，烧腊摊一定是最热闹的。

回家路上的男女老少把小摊团团围住，叫喊声此起彼伏，"老板，来半斤猪香嘴……""老板，割点核桃肉、猪耳朵……"

玻璃隔板后，摊主边应声，边示意，一会就听到刀在砧板上的碰撞声。手起刀落间，酱色肉片利落地到了盆里，几乎是同时，油酥海椒、香菜、花生碎、蒜末混合进来，筷子一搅拌，一股鲜香热辣的香味，混着肉香就飘散开来，让人忍不住口水四溢。

看不见的精细

与大众更熟悉的粤式烧腊不同，在江安，烧腊是一道凉菜。

虽然名叫"烧腊"，江安烧腊经卤制后，并不会再"烧"，也不像普通卤肉，卤完直接吃。对江安人来说，这两种做法都太平淡，烧腊一定要等卤肉放凉，加入鲜辣又丰富的配料搅拌，味道才最够劲。如果说，常与煲仔饭搭配出现的粤式烧腊，是温和、安静的美食诱惑，那么江安烧腊无疑代表着烧腊的另一面，它浓烈、狂放，彰显着与江安市井浑然一体的蓬勃之气。

卤肉的制作，通常无一例外会强调卤水的年头，仿佛一锅老卤就能煮出万千味道来。也有不少地方的卤肉制作强调水质的特殊，一旦离了当地的水，味道便大有不同。但江安烧腊的秘诀，远没有这么"秘辛"，有经验的烧腊师傅会直白地告诉你，食材新鲜才是首要因素。

今年48岁的胡先云，自1998年开始经营自己的烧腊摊，对他来说，每天一大早去采购新鲜食材，就如同一日三餐般的固定活动，嵌在他的每日行程中。每天买多少对猪蹄、多少只鸭子、多少斤牛腱子……都在自己的经验里。

对于每一位烧腊摊的摊主，最理想的状况是当天买的材料，当天全部卖完，这样可以确保每天都是新鲜食材。但现实显然无法总是如愿，因而在业内，不少商家常把几天下来都没卖完的肉，重新放回卤水中熬煮。重口味的香料和高温作用，加上各式调料味道的覆盖，顾客也吃不出来其中的细微差别。

胡先云早年摆摊，也常遇到这种情况，甚至经常一整天不开张，但他只是把这些肉扔掉或拿去喂猪。"那种僵尸肉，口感很不一样。"所幸，从长远来看，那些扔掉的肉，并没有被浪费。二十年下来，稳定的客源又反过来支撑着烧腊摊每天的销量，使"每日新鲜"成为可能。

"新鲜"这条隐形规则，一定程度影响了烧腊在江安的节奏。摊主们每天早晨采购，上午清洗、卤制、备材料，下午开始售卖。顾客们则以此节奏，在每个想吃烧腊的晚餐时段，把它买回家。对于家庭餐桌，烧腊意味着少做一道菜的便捷。尤其到了炎炎夏日，一盘肉质饱满、鲜香爽辣的烧腊，配上冰镇啤酒，是光凭想象就让人食欲大开的即时享受。而从品质论，这道路边小摊上买来的"小菜"，味道完全不逊色于自己做的家常菜。甚至从某种程度来说，烧腊更为精细、讲究。

在江安，卤肉只是烧腊制作的一半流程，另一半是加入各式配料调味。配料无非是常见的几种，油酥海椒、小葱、香菜、蒜末、花生碎、花椒面等，种类虽不多，但通过不同搭配组合，足以满足因人而异的万千口味。当然，这一切离不开配料制作上的精细，不夸张地说，烧腊摊主们在配料上花费的精力，较之卤肉有过之而无不及。

所有配料中，当数油酥海椒最为讲究。卤肉搅拌时，一大勺油亮的油酥海椒淋下去，菜油的清香和干辣椒的辛香混杂，让每片卤肉都变得肉眼可见地可口起来。不少江安人甚至特意为这一口油酥海椒来，摊主们也从不吝啬多加几勺。

油酥海椒每家都有特定做法，虽然只是油和干辣椒的混合，但要做到香而不辣、酥而不焦却并不简单。油一定是本地产的小榨菜油最佳，热油时的油温、火候也是关键，直接影响"酥脆"的口感：过高，干海椒容易煳掉，味道也就变苦了；若不够高，干海椒的香味又无法提炼出来。甚至，海椒的品种也要精益求精。胡先云一度只用贵州的某个特定品种，十年前忽然发现这个品种做出来的油酥海椒，不仅颜色不好，味道也没那么香。几经尝试，直到找到符合口感的替代品种，他才罢休。

其他配料，诸如蒜、花生、花椒面，也都由胡先云精心挑选、手工制作，尽可能追求最好品质。类似的较真，同样发生在另一家烧腊摊主杨海波身上。这位更年轻的烧腊经营者，虽然做烧腊的年头不像胡先云那么久，对于干净、新鲜的坚持却异曲同工：油酥海椒每天做新的补充；作配料的蒜，一颗一颗在石臼子里手动舂打；就是花生碎，也都自己炒制加工……

我们好像无法确认这些在细节上的微小努力，对于烧腊的味道是否真有如此大的影响。毕竟对于江安人，烧腊就像是路边快餐式的存在，但当数以百计的烧腊摊遍布这个城市的街巷、路口，却总有那么几家会被更多人偏爱。或许，这些他人看不见的细节上的努力，在每一次顾客的选择里都能被看见。

"一切关键就是时间"

"时间，一切关键就是时间。"当我问起胡先云，做烧腊最关键的是什么，他在换了几个词后，给了我这个答案。

这是胡先云实践得来的经验。刚开始的烧腊生意，没什么人光顾，他也不灰心，每天按时出现在县人民医院的路口。他的想法是，一定要坚持摆摊，因为刚开始别人只是不知道你做得好不好，要有耐心。最朴素的办法，也最是有效。依着这样的想法，胡先云和他的烧腊摊几乎每天都准时出现在同一档口，二十年如一日，让自己成了路口的一道"定时风景"。

他跟我算起，去年一年365天，出摊了360天，大年三十忙得都没顾上吃顿像样的年夜饭。缺席的情况只有四次：儿子订婚，儿子结婚，孙子生病，孙子满月酒。二十年围绕烧腊的时光，看似走得不着痕迹，但实际上，变化在以一种不着痕迹的方式进行。那些没有出现在档口的日子，人生的重大事件，勾勒出时间流动的轨迹。

当年胡先云开始做烧腊，儿子胡鑫还不到一岁。长大些胡鑫开始帮着父母去摊位那收钱，再大些就帮着把一早买回来的材料做清洗、卤制，而如今，已经结婚生子的胡鑫俨然有了独当一面的潜力。这个自小在烧腊味道中长大的年轻人，看过外面的世界，脑子里想的是要把江安烧腊传到外面更多地方。

实际上，这两年江安烧腊已经在走向更多地方。

与周边宜宾、泸州等地的烧腊不同，江安烧腊卤肉本身的味道更淡，后期靠各种精细调料调配味道的做法，也让它成为颇具江安特色的一大美食。江安烧腊俨然是烧腊行业的一块美食招牌，不仅吸引很多人特意来江安寻味，也让不少外地江安人心心念念。

为了满足这些期待，胡先云每年都收不少徒弟，有的甚至是大学毕业生。这些学徒跟着他学肉的处理，学油酥海椒的制作，然后带上一些老卤，把江安烧腊卖到成都、西安，甚至浙江。而那些在外地工作的江安人，每年也以快递的方式，让江安烧腊出现在了全国各大城市。

2019年底，胡先云在离档口几条街的位置，买了个门店，开始尝试从烧腊摊到烧腊店的经营。有了店面，烧腊可以不再只是打包带走的食物，加上简单的餐饮服务，人们可以坐在店里吃烧腊。门店也意味着时间和地点的限制变小，中午提供烧腊变得可行，可一改江安人晚上吃烧腊的习惯。甚至，借鉴找胡先云拜师的成都学徒的经验，还可以在江安试试"烧腊饭"这样的新式餐饮。

不过这些都还只是设想，胡先云明白，无论线上或外地的江安烧腊如何受欢迎，在江安，每天按时出现在人流穿梭的档口，是现阶段烧腊在这座城市出现的最佳方式。

烧腊的街头属性根植于江安人的日常生活中，据胡先云回忆，至少在他父亲那一辈，烧腊和烧腊摊就已经存在了。它如此平常，如此市井，也因此富有生命力。下班回家的白领、放学路过的学生、筹备晚餐的主妇……人们停留在喧闹的烧腊摊前，在叮叮当当的嘈杂声中，嘱咐着摊主调配或清淡或浓重的个人口味，然后带着这一袋新鲜又解馋的烧腊四散归家。

这是一出每天都在江安大街小巷上演的协奏曲，它已经演奏了很久，也将持续演奏下去。而那些新的尝试和变化，胡先云显得并不着急——时间会慢慢给出答案。

江安的美食"江湖"

撰文
郭蕾

插画
林天意

在江安,"吃什么"是一个很难做出的决定。是吃一盘火热的四面山辣子鸡,还是尝尝薄得透光的安乐白肉,抑或是来一份咸鲜软糯的红苕水密子……特殊的地理位置造就了江安的美食"江湖",这里既有盐帮菜的味厚香浓、辣鲜刺激,也有重庆菜的麻辣鲜嫩和"江湖气"。

怡乐 红苕水密子

红苕水密子是江安独有的一道美食,尤以临江怡乐镇的味道最为正宗。

传说这道名菜是江安渔民偶然创造用以果腹的"船菜"。刚打上来的水密子处理好,整条放入锅中,加入船里剩下的几块红苕(红薯),再舀几瓢长江水,水开、鱼熟,鲜美异常。20世纪90年代,江安的美食家们对传统粗犷的工艺进行改良,使红苕水密子更迎合大众口味,在江安声名鹊起。

长江自西向东穿境而过,为江安带来了丰富的渔获,其中以水密子最负盛名。水密子,学名"铜鱼",本地人也称"肥沱""水鼻子",肉质细嫩鲜美。

全竹宴 〔仁和〕

江安被誉为"橙竹之乡",境内尚属100余种竹子郁郁葱葱。

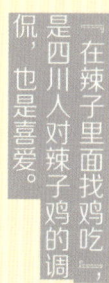

◇ 竹笋 ◇

江安人讲究"不时不食",这点在竹笋上体现得淋漓尽致。很多江安人心中都有一张"时间表":三、四月的春笋最鲜,五月要吃苦竹笋、麻竹笋,六月甜龙笋、芦竹笋正当季,七、八月的慈竹笋适宜焖烧,九、十月鸡爪竹笋、绵竹笋上市,十一月到来年二月冬笋不断。

◇ 竹荪 ◇

又名竹参、竹笙,是寄生在苦竹根部的一种隐花菌类,营养价值丰富,自古便被列为"草八珍"之一。竹荪最常见的做法是煲汤,将竹荪用水泡软、洗净、切断,放入锅中与排骨等一同炖煮,约1个小时候即可品尝。汤头清甜,竹荪爽脆,最适宜夏季食用。

◇ 竹荪蛋 ◇

竹荪蛋其实就是还未长成的竹荪,因外形圆润且切开后有明显的分层,就像鸡蛋的蛋黄和蛋白而得名。竹荪蛋晶莹剔透,鲜嫩爽脆,味道偏淡,与浓郁酸爽的泡椒极为搭配。

在当地,用竹、住竹、食竹是沿袭已久的传统。近年,以竹海农家餐桌上的"竹菜"为基础,"全竹宴"的概念被逐渐推出来。

不同于传统宴席有固定的席面,全竹宴无固定之规,季节、店家不同,菜色也会全然不同。但无论是煎、炒、烹、炸,都不离三样竹海山珍——竹笋、竹荪、竹荪蛋。

辣子鸡 〔四面山〕

"在辣子里面找鸡吃,是四川人对辣子鸡的调侃,也是喜爱。

迥异于四川其他地方的做法,四面山镇的辣子鸡选取6个月以上的本地土鸡,先切成小块以热油爆炒,再辅以本地朝天椒、七星椒、青花椒等配料,最后倒入热水加盐等调味,其烹饪方式、味道等自成一派。夏日里吃上这样一份椒香扑鼻、麻辣鲜香、汤汁诱人的辣子鸡,再来一碗香甜的冰粉,暑气顿消。

泥巴腊肉 〔大妙〕

在大妙镇,旧时腊月,农家人都会制作泥巴腊肉。

将腌制过的猪五花肉,用稻草捆扎好,再裹上泥浆,经烟熏、烘干后即成。这样做出的腊肉肥而不腻,肉质软糯,咸淡适中。与一般腊肉相比,泥巴腊肉厚厚的"外壳"能更好地阻断细菌,保存更长的时间。

图书在版编目（CIP）数据

风物中国志.江安/贺靓主编. -- 长沙：湖南科学技术出版社，2021.1
ISBN 978-7-5710-0400-2

Ⅰ.①风… Ⅱ.①贺… Ⅲ.①江安县—概况 Ⅳ.①K92

中国版本图书馆CIP数据核字（2021）第012968号

FENGWU ZHONGGUOZHI·JIANGAN
风物中国志·江安

主　　编：贺　靓
总 策 划：陈沂欢
责任编辑：李文瑶
特约编辑：郭　蕾
图片编辑：张律堂
地图编辑：程　远
书籍设计：李　川
特约印制：焦文献
制　　版：北京美光设计制版有限公司
出版发行：湖南科学技术出版社
地　　址：长沙市湘雅路276号
　　　　　http://www.hnstp.com
湖南科学技术出版社天猫旗舰店网址：
　　　　　http://hnkjcbs.tmall.com
邮购联系：本社直销科0731-84375808
印　　刷：北京华联印刷有限公司
版　　次：2021年1月第1版
印　　次：2021年1月第1次印刷
开　　本：787mm×1092mm　1/16
印　　张：12
字　　数：120千字
审 图 号：川S（2020）12001号
书　　号：ISBN 978-7-5710-0400-2
定　　价：58.00元

（版权所有·翻印必究）